创意服装设计系列

丛书主编 李 正

职业装
设计与案例精析

徐慕华 陈 颖 李潇鹏 编著

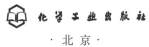

U0301467

化学工业出版社

·北京·

内容简介

本书主要内容有职业装概述、职业装的分类和属性、职业装设计的过程、职业装设计美的形式法则、职业装设计的基本要素、职业装的配饰设计、酒店职业装设计、职业装设计图例精析。全书结合 300 余款职业装设计实例，总结归纳出职业装的发展历程，在设计过程中重点关注服装造型、面料辅料、图案特征、色彩运用、制作工艺以及配饰，并强调其设计应遵循的基本法则，将实践中已落地批量生产的酒店职业装设计作为案例并分析，以图文方式详细地展示了职业装的设计细节、系列规划、拓展设计等。

全书语言简洁，文字通顺，观点前沿，案例新颖，有很强的实践指导意义。本书既可作为服装院校相关专业的教材，也可作为服装行业从业者的自学教材。本书集系统的理论与实际案例于一体，是职业装设计者及职业装应用企业不可多得的参考用书。

图书在版编目 (CIP) 数据

职业装设计与案例精析 / 徐慕华，陈颖，李潇鹏编著 . —北京：化学工业出版社，2021.3
（创意服装设计系列 / 李正主编）
ISBN 978-7-122-38446-1

Ⅰ. ①职… Ⅱ. ①徐… ②陈… ③李… Ⅲ. ①制服 - 服装设计 - 案例 Ⅳ. ① TS941.732

中国版本图书馆 CIP 数据核字（2021）第 017642 号

责任编辑：徐　娟　　　　文字编辑：刘　璐　陈小滔　　　　封面设计：刘丽华
责任校对：张雨彤　　　　装帧设计：中图智业

出版发行：化学工业出版社（北京市东城区青年湖南街 13 号　邮政编码 100011）
印　　装：北京瑞禾彩色印刷有限公司
787mm×1092mm　1/16　印张 11　字数 250 千字　2021 年 5 月北京第 1 版第 1 次印刷

购书咨询：010-64518888　　售后服务：010-64518899
网　　址：http：//www.cip.com.cn
凡购买本书，如有缺损质量问题，本社销售中心负责调换。

定　价：68.00 元

序

常态下人们的所有行为都是在接收了大脑的某种指令信号后做出的一种行动反应。人们先有意识而后才有某种行为，自己的行为与自己的意识一般都是匹配的，也就是二者之间总是具有某种一致性的，或者说人们的行为是受意识支配的。我们所说的意识支配行为又叫理论指导实践，是指常态下人们有意识的各种活动。艺术设计思维是艺术设计与创作活动中最重要的条件之一，也是艺术设计层次的首要因素，所以说"思维决定高度，高度提升思维"。

"需求层次论"告诉我们一个基本的道理：社会中的人类繁杂多样各不相同，受文化、民族、宗教、地缘气候与习性等因素的影响，无论是从人的心理方面研究还是从人的生理方面研究，人们的客观需求与主观需求都有很大的差异。所以亚伯拉罕·马斯洛提出人们有生理需求、安全需求、社交需求、尊重需求、自我实现需求五个不同层次的需求。尽管人们对需求层次论有各种争议，但是人类的需求层次存在差异性应该是没有异议的，这里我想说明艺术设计思维也是具有层次差异性的，每一位艺术设计师必须牢牢记住这个基本的问题。

基于提升艺术设计思维的层次，我们的团队在一年前就积极主动联系了化学工业出版社，共同探讨了出版事宜，在此特别感谢化学工业出版社给予本团队的大力支持与帮助。2017年我们组织了一批具有较高成果显示度的专业设计师、研究设计理论的学者、艺术设计高校教师等近20人开始计划、编撰创意服装设计系列丛书。

杨妍老师是本团队的骨干，具体负责本系列丛书的出版联络等事项。杨妍老师认真负责，做事严谨，在工作中表现得非常优秀。她刻苦自律，参与编著了《服装立体裁剪与设计》《服装结构设计与应用》，本系列丛书能顺利出版在此要特别感谢杨妍老师。

作为本系列丛书的主编，我深知责任重大，所以我也直接参与了每本书的编写。在编写中我多次召集所有作者召开书稿推进会，一次次检查每本书稿，提出各种具体问题与修改方案，指导每位作者认真编写、完善书稿。

本次共计出版7本图书，分别是：岳满、陈丁丁、李正的《服装款式创意设计》；陈丁丁、岳满、李正的《服装面料基础与再造》；徐慕华、陈颖、李潇鹏的《职业装设计与案例精析》；杨妍、唐甜甜、吴艳的《服装立体裁剪与设计》；唐甜甜、龚瑜璋、杨妍的《服装结构设计与应用》；吴艳、杨予、李潇鹏的《时装画技法入门与提高》；王胜伟、程钰、孙路苹的《服装缝制工艺基础》。

本系列丛书在编写工作中还得到了王巧老师、王小萌老师、张婕设计师、张鸣艳老师以及徐倩蓝、韩可欣、于舒凡、曲艺彬等同学的大力支持与帮助。她们都做了很多具体的工作，包括收集资料、联系出版、提供专业论文等，在此表示感谢。

尽管在编写书稿的过程中我们非常认真努力，多次修正校稿再改进，但本系列丛书中也一定还存在不足之处，敬请广大读者提出宝贵的意见，便于我们再版时进一步改进。

苏州大学艺术学院教授、博导　李正

2020年8月8日　于苏州大学艺术学院

前言

我国是职业装的消费大国，2020年中国服装协会职业装研究所在北京成立，据估计我国的职业装市场经济效益高达1000亿元。面对如此庞大的职业装需求市场，服装企业之间的竞争不可避免，企业在竞争中不断升级是势在必行。据2019年国家统计局数据统计，第三产业的GDP占总GDP的53.9%，在经济结构转型优化的大背景下各行各业意识到良好的企业形象是得到社会认可与支持的有力保证，企业形象在市场竞争中发挥着巨大作用。

随着新兴行业数量的增加、社会分工的细化、企业营销理念的深入，职业装设计逐步成为一门综合类学科。随着各行各业对职业装设计要求的进一步提高，身为一名合格的职业装设计师应当熟知职业装的基本概念，挖掘行业特色，把握客户需求与喜好，从微观思维到宏观角度协调统一职业装设计。据不完全统计，目前中国职业装企业多达两万余家，职业装设计公司更是需要具备多元化的人才结构，服装设计师需要根据岗位特色，全方位、精准无误地满足企业对职业装的设计需求。

响应国家号召、挖掘市场新需求、顺应时代潮流，以创新的职业装设计满足各行各业对职业装的需求，尽显职业风采是笔者撰写本书的初衷。本书不仅总结归纳了职业装发展的历程以及职业装设计的过程，还重点分析了职业装设计应遵循的原则、基本要素、相应的服装配饰以及职业装的发展趋势，最后通过展示实践过程中已落地批量生产的职业装案例为基础，并加以解释说明，使本书更具可读性与观赏性。

本书在编写过程中得到了苏州大学艺术学院领导与老师们的大力支持。特别是吴艳、李晓宇、王胜伟、曹琪、严烨晖、张嘉慧、夏如玥、孙欣晔、杨敏等为本书提供了大量的设计图，在此特别表示感谢。

《职业装设计与案例精析》在一定程度上囊括了最新的设计思想，有利于拓宽设计师的设计思路，为中国职业装设计提供了一些有价值的参考。由于编著者水平有限，在编著过程中难免有不当之处，敬请专家读者们提出宝贵意见，便于我们再版时修正。

编著者

2020年8月3日

目　录

目　录

目　录

第一章
职业装概述

职业装顾名思义，是指带有职业属性和统一标识的服装，是人们在工作中由单位规定的统一服装。随着社会的发展，人们对职业装的需求逐步增加，对服装设计师也提出了新要求。设计师应准确理解职业装的概念，能熟练设计职业装，这也是专业设计师应具备的职业素质之一。设计师设计某个行业的专用职业服装，就必须了解该行业的专业属性和工作特性，只有了解了员工的工作内容与工作环境，才有可能设计出合格的职业装。本章对职业装的相关概念进行阐释、对职业装的发展史进行了系统的归纳总结，同时对职业装的市场现状也进行了分析，最后对职业装的发展空间进行了专业预判。

第一节 职业装的相关概念及发展简史

一、职业装的相关概念

职业是个人在社会活动中从事的工作，职业装是在人们工作中所穿的带有标识性的、单位规定的服装，它与职业特点有着密切的联系。职业装有别于个人展现自我特色的时装，其目的在于展现统一、整齐的形式美，具体来讲是指从事某类工作的员工在特定场合，为提高职业形象或者以安全防护为目的所穿的特定服装（图1-1）。

职业装主要是为了工作需要而设计的。在发达国家职业装发展迅猛，它已逐渐脱离"大服装体系"，从而成为一个相对独立的"Uniform"服装分系统。"uni"是一致、统一的意思，"form"是形式、外形的意思。两者合在一起的意思就是"一致的外形"并演绎为统一的服装或职业装（图1-2）。

图1-1 酒店前台职业装

图1-2 中餐服务员职业装

二、职业装的发展简史

纵观整个职业装的发展史，职业装自诞生以来就作为服装的一种出现在社会上，它是社会发展到一定阶段的必然产物，受外界和人为因素的影响，具有技术属性和社会属性。从西方到东方、从国外到国内，从手工业时期、前工业时期到现代主义时期、后工业时期，职业装经历了不断的变化与革新。这是一个不断进步和适应社会需要的过程。社会发展到现在使职业装逐步具有功能性与审美性的双重标准，随着科技和工业的发展，职业装行业已经走上了产业化道路。

（一）职业装的起源

职业装有深厚的历史基础，它和任何新事物的产生类似，都是基于产业的分裂和升级。影响职业装发展的因素很多，归纳起来，可以分为外因和内因，外部原因是经济水平，内部原因是服装发展的产业基础。

1. 经济水平

经济水平是商品经济发展和人民消费的基础条件，一个国家的经济水平决定了其社会物质条件的进步速度和长远的发展空间。社会经济的发展使职业装行业经历了从无到有并逐渐迈上一个新阶段，经济水平的提高为职业装的诞生提供了必要的前提条件。

职业装行业的发展离不开一个国家的发展，国家经济水平的提高必然会影响到职业装行业的变化。比如中国"冕服制度"的完善是在周王朝统治时期，这一时期是中国奴隶社会的鼎盛时期。

2. 服装发展的产业基础

新事物的诞生是随其所属行业的变化而产生的。职业装行业诞生的内部推动力是服装行业内部的分裂或是升级。随着服装行业的发展和日渐规范，带动了职业装的发展，而职业装的诞生也会促使职业装行业内部发展。

3. 国内外职业装的起源

（1）中国

中国的职业装起源于殷商时期的奴隶社会，冕服制度的建立是社会发展的必然选择，统治者以此划分等级，维护社会秩序，即使到了封建社会，这一制度并未被消除，反而愈演愈烈。如秦汉时期君王以黑色为尊，明代用"补子"样式区分官员品级，清代以鸟兽区分文武官员。更有特色的是越是尊贵的人员其职业服装越复杂烦琐。等级森严的冕服制度是封建社会等级制度的显著标志，也是中国职业装诞生的初始形态。中国古代就有保护性功能的职业装，如军装（图1-3），随着时代变迁，以及生产与生活方式的不同而呈现不同的风貌，透过军装的款式设计、面料选择、色彩搭配，我们可以知晓当时的文化、科技、经济等方面的发展水平。

（2）国外

古希腊时期，出现了最早的具有实用性和标识性的职业装。在亚历山大时期一种被称为"克拉米斯"的短式斗篷（图1-4）是专门为打猎和护卫随从设计的。在旅行或骑马时这种服装能够遮风挡雨且便于活动。这种短式斗篷比披身长衣要短小，通常被披在左肩并用扣针将两端系在右肩上。如果想让两臂活动得更方便，还可以将其系在胸前。这种斗篷具有一定的耐磨性和实用性。而素有"制服王国"之称的日本，其职业装的诞生可以追溯到大和时代（约250～约538年），受当时生产条件的限制，战士们主要以挂甲、短甲等简单朴素的甲胄为主。所谓挂甲，是一种用绳索连接起来并且层叠的甲片，根据短斗篷和战袍的风格，下甲片覆盖上一片的底端，形成下层宽于上层的铠甲。奈良时代的两档式挂甲更是日后大铠的前身，而短甲是一种将皮革或金属片连缀成整体，用以保护住身体主要部分的甲胄（图1-5）。

图1-3　秦兵马俑中级军吏俑　　　图1-4　亚历山大大帝斗篷　　　图1-5　日本战士甲胄

（二）国内外职业装的发展

从国内到国外，从东方到西方，职业装的发展都经历了一个漫长的过程。这是一部实用技术与艺术相结合的历史。本部分主要阐述国内和国外的职业装发展历史，并且将其划分为几个阶段，分别论述各个阶段职业装的主要形式和特征。

1. 中国职业装的发展

中国的职业装自古就有，它发展成为现代的职业装，经历了一个漫长的过程。鸦片战争后，外商经营的企业要求员工穿工作服；中华人民共和国成立后，各行业的规章制度都逐步制定和完善，企业内部分工明确，特别是改革开放初期，广州等地区的酒店工作者开始穿职业装，这带动了职业装行业的崛起；进入21世纪后，学校、医院等多个行业领域都开始穿职业装。在漫长的职业装发展过程中，职业装经历了由少到多、从特殊化到大众化的一个循序渐进的过程。

（1）第一阶段（1840～1949年）

1840年鸦片战争后，当时由外国人经营或管理的银行、医院、铁路、矿山、海关、邮政、加工制造等行业都规定员工穿职业装。与此同时，清朝政府也开始规定一些官营企业的员工穿职业装。下面以邮政职业装为例，分析邮政职业装在发展过程中发生的质与量的变化。

1860 年前后，在执行邮政通信任务时，工作人员应穿带有邮政专用标志的邮政职业装。1878 年，赫德批准了信差穿职业装的提议。当时，往来于天津与北京之间的骑差戴着帽子并穿着黑色号衣，上面写着"津海关信差"的字样。1881 年，海关总税务司规定：在执行任务时邮务供事应穿戴灰色或蓝色的裤子、蓝色褂子和海关制帽。从那时起，蓝色就成为当时邮政服装的主要颜色。1897 年 3 月，大清邮政官局规定了"大清邮政官局号衣"的式样，邮差的坎肩胸前和背后都有一个"邮"字（图 1-6）。信差和船夫会穿着海蓝布料制作的马褂，胸前缀有"大清邮政"四个红色大字，左臂和右臂会用圆形臂章装饰，上面写着"信差""船夫"字样，服装上左臂为洋文，右臂为中文。马褂上有五个铜纽扣，每个铜扣上都有"大清邮政"字样。到了夏天，改穿蓝灰色马褂，内地信差还必须佩戴表明身份的标志，比如在右臂上佩戴有"大清邮政"字样的臂章，标牌上不能带有西文数码或字母，以区别于通商口岸的邮政人员。邮政官局在各地建立以后，邮差、信差仍然穿蓝色的制服或号衣。1905 年 1 月，法国人贝利任邮政总办后，重新规定：黄绿两色被用作所有邮政信箱、车辆和船舶的邮政产品的特殊颜色，以绿色为主色，黄色为衬托，这为以后绿色制服的产生奠定了基础。第一次世界大战爆发后，中华邮政制服逐渐统一。根据不同的等级和工种，职业装有局长职业装（包括轮船局长职业装）、邮差职业装（信差职业装）。信差为深蓝色服饰，邮差为深蓝色斜纹布，肩上为浅黄色斜纹布。此时一般邮政人员的服装仍以蓝色为主，但邮务长一级的官员已开始穿起了绿色的服装。由此可以推断，绿色最初仅限于邮政用品及上流社会人士的服装。北洋军阀政府垮台后，邮政人员的服装开始使用绿色。从此，绿色就逐渐成为中国邮政制服的主色调。

1925 年，中华制造总局专门成立了职业装处，专门负责职业装的生产和销售，使用的织物包括绿斜纹布、蓝哗叽呢等。20 世纪 40 年代，以邮政为例的职业装已发展到制帽、外套、草帽、绿色腰带、雨衣、雨帽、雨巾、雨兜、油套裤、号裤、绿袜、皮鞋、靴子、胶鞋等。

再例如警察职业装，1902 年以后，清朝政府效仿各国开始建立警察机构，但对警察的着装形式没有统一的规定。1908 年后，全国才有了统一的警察制服。民国时期的警察制服也先后经历了 11 次较大的变革。

清末，中国第一套国产西装由"红帮裁缝"所做（图 1-7）。这套西装是为民主革命家徐锡麟制作的，徐锡麟于 1903 年在日本大阪认识了在日本学习西装工艺的宁波裁缝王睿谟，第二年，徐锡麟回国。在上海，王睿谟开设了王荣泰职业装店，王睿谟花了三天三夜时间，用手工一针一线缝制出了中国第一套国产西装，在当时的情况下，其工艺虽不能超过西方国家的制作水平，但却充分展现出"红帮裁缝"的精湛手艺，让中国西装成功跻身世界。

在这样一个现代职业装形成的初级阶段，职业装的款式、面料、色彩等变化不大，涉及的行业和职位有限，是一个缓慢发展的过程。

图1-6　大清邮政官局号衣　　　　　图1-7　"红帮裁缝"为客户量体裁衣

（2）第二阶段（1949～1978年）

中华人民共和国成立后，世界服装的发展与变化对中国职业装的革新产生了深远的影响。随后，思想形态和审美观念的更新使职业装表现出鲜明的时代特征。

1949年后，早期流行的一批职业装被淘汰，比如男士的西装和长袍马褂，女士的旗袍（此时，旗袍已经从人们的日常生活和工作中消失，只存在于礼仪场合）。中华人民共和国成立初期具有革命象征意义的一批职业装开始出现。例如：从苏联传入的列宁装（图1-8），有双排扣、翻驳领、斜插袋、横襻，在中华人民共和国成立初期，在工作中人们也穿列宁装，列宁装开始作为职业装广泛流行。又如"布拉吉"，这是一种苏联妇女喜爱的连衣裙，作为职业女性的夏季服装传入中国，比较正宗的是用进口的苏联花布制作的。再如，中国工矿企业的工作服、帆布工作服和工作大衣在款式上也与苏联的很相似。

中华人民共和国成立之后中山装（图1-9）仍被继续作为政府官员的职业服。从中央的高级官员到普通干部，一律都穿中山装，这一时期的中山装又被称为"人民装"。同时，中山装的一些变体也被生产出来。例如由中山装简化而来的军装和青年装。中山装有四个口袋，如果简化成只剩下袋盖或者把两个上袋变化成一个手巾袋，那就变成了军装便装和青年装。这两种变体服装在外观上显得更年轻一些，深受新成立的企事业单位的工作人员喜爱。

再以海关职业装为例（图1-10）。中华人民共和国成立初期，国务院批准海关为统一着装单位。中国海关职业装的式样也经过多次的变动。1950～1959年，男、女海关人员的职业装都为人民装，配军式硬帽，帽徽和铜扣上有"海关"字样，冬季为藏青呢料，夏季用黄卡其布；1960～1966年男职业装为中山装，男女一律配刻有关徽的铜扣，佩戴海关专用臂章和帽徽；1967～1971年，男女职业装为中国人民解放军干部式样，佩戴圆形国旗帽徽，用凸型塑料纽扣；1997～1999年，海关职业装的款式在之前的基础上没有做很大的改动，这个阶段注重提高面料、辅料质量和职业装加工水平，以及设计与职业装相配套的肩章和号牌。

中国的现代职业装在经过五十多年的发展变化后，逐步开始倡导职业装行业的发展，将职业装的概念进行了重新定义，职业装理念也越来越受到人们的关注。

图 1-8　20 世纪 50 年代的列宁装　　　　　图 1-9　民国时期中山装

（3）第三阶段（1978 年至今）

在改革开放初期的中国，职业装的现代形态被引入。最早的行业职业装的变革是酒店领域的职业装革新。当时深圳、广州、上海开放较早，经济发展迅速，对外交流频繁。因此，对职业装有了新的要求，于是在原职业装的基础上增加了许多新元素，以体现酒店行业特有的吸引力和服务特色。此时的酒店职业装在色彩上统一而又有变化，在款式上追求创新，加入时尚元素又与酒店文化紧密联系（图 1-11）。当时，职业装的发展较多依赖于国外的模式，缺乏自主设计研发。

图 1-10　海关职业装（作者：徐慕华）　　　图 1-11　酒店主管职业装（作者：孙欣晔）

职业装的创新主要表现在三个方面。一是工装的创新，各种新颖时尚、功能性强的工作防护职业装被广泛应用于纺织、电子、石化、铁路等行业和单位，并且根据行业的特点进行了相应的针对性设计。二是普通文职人员职业装的革新。改革开放前，文员职业装主要是男为中山装、女为两用衫。现在这种情况已经从根本上发生了改变，"白领"群体大致发展成了两类：一类是银行、保险等单位，其职业装主要由衬衫、西装、领带、皮鞋为主，而且是由单位统一发放使用的；另一类是一般企业单位，他们的服装也是以衬衫、西装、领带、皮鞋为主，但并不是由单位统一发放，而是由个人购买，之所以选择西装是因为这个行业有约定俗成的规则。尽管确定了基本的品种，但是在款式、色彩上有了选择的余地。三是海关、法院等国家政府机关职业装的革新。很长一段时期，法官、检察官的职业装都是以中山装为基础，改革开放后根据各自的职业特点，按照国际化、标准化的思路进行了新的设计。

总之，改革开放后职业装的创新呈现出"国际化""标准化"和"模糊化"三个趋势。国际化是指采用国际通用的造型风格与色彩质地，并与国际接轨。标准化就是针对某些行业特征进行的统一的职业装设计。国际化与标准化实际上是一个问题的两种表现形式。模糊化一方面是指有些行业并没有将员工服装严格限定为正统的西装，有"周五便服日"一说；另一方面，现代职业装已具有"时装"的意味，非工作时间也能穿并且对性别的区分变得模糊，这实际上是时装界中性化风潮在职业装领域的折射。

在社会经济的推动下，职业装的发展也因此有了更为广阔的空间。不同的职业有不同的工作环境，越来越多的企业要求员工在各自的工作环境中穿着有规定式样的服装。因此，职业装的设计和制作逐渐成为体现企业文化特色的方式之一，中国职业装的"个性化"市场日益壮大，职业装的领域也被不断扩大。

2. 国外职业装的发展

职业装起源于 17 世纪的欧洲。17 世纪后半叶的路易十四时代，长衣及膝的外衣"究斯特科尔"和较短的"贝斯特"，以及紧身合体的半截裤"克尤罗特"一起登上历史舞台。"究斯特科尔"的前门襟口一般不扣，要扣一般只扣腰围线上下的几粒——这就是现代的单排扣西装一般不扣扣子不为失礼，两粒扣子只扣上面一粒的穿着习惯的由来。

第一次世界大战爆发时，前线的官兵需要穿整齐统一的军装，军装制服的需求量非常大。当时欧洲的所有将军和士兵都穿着整齐正规的服装，根据军帽和衣服的细节就可以很容易辨别出士兵属于何种部队。军官们佩戴的肩章和臂章，也与今天非常相似。在第一次世界大战期间，还出现了新学科"人体工程学"，主要研究工业产品与人体之间的关系，它要求产品利于人们的身体健康，此时服装的功能性越来越受到重视。20 世纪 40 年代英国人发明了聚酯纤维，随后又发明了新型弹性纤维——氨纶，这种面料有紧身的效果，其中的莱卡含量达到了 14% ~ 40%，这些科技成果为以后职业装面料的发展提供了有力支撑。

到了第二次世界大战期间，英国、美国、加拿大等国出现了女护士制服（图 1-12）。这使得女性军人的职业装成为军服设计的新内容，职业女装顺势登上了历史舞台。法国设计师加布里埃·香奈尔设计出的两件套装，对于着装者而言不仅舒适而且实用，其样式为对襟无领镶边短上衣搭配长至膝下的短裙，这样的套装轻便、简洁、合体，不同年龄段的职业女性都可以穿，而且相对于其他时装而言也不会过时。

进入 20 世纪末期，国外各行业的职业装在不断改进中逐步完善，越来越多的职业装公司在设计、制作和管理上都有十分成熟的模式，随之而来的市场竞争也非常激烈。在这种多元化的环境下，职业装的个性化发展是这次市场结构调整和改革的必然。职业装设计师要有全面调查的能力，可以根据客户的需求，提出最佳的设计方案。由此可见，企业间的竞争为职业装的发展开拓了广阔的空间。

图 1-12　第二次世界大战时的女护士制服

三、创新意识有待增强

长期以来，我国职业装的开发和研究未得到应有的重视，技术力量薄弱，科技投入不足，缺乏创新意识，职业装生产技术的发展和产品质量的提高都受到了限制。我国在服装辅料的材质、色彩、款式、工艺质量等普遍缺乏系统的研究和开发，科技水平不高。另外，受人力、时间和观念的制约，出现过严重的职业装与时装相混淆的现象，无法充分体现出相关职业的特点，其中最突出的问题就是功能性职业装的落后。这不仅严重影响职业装的制作发展和穿着性能的提高，而且阻碍了我国职业装与国际职业装通用化的接轨。

自 2003 年以来，虽然国内先后有几家职业装制造商成立了职业装设计研究所，致力于解决职业装的技术难题，但由于技术人才缺乏，投入资金不足等，他们都把目光集中于职业装的设计方面，对功能性材料的开发研究很少，从而造成与国际先进的职业装有较大的差距。

第二节　职业装的市场分析

在人们追求时尚服饰、潮流搭配的今天，职业装早已确立了其在人们日常生活中的地位。据统计，目前我国统一穿职业装的行业多达 19 个，每年的市场需求约在 1000 亿元以上。相应地，我国职业装生产企业多达 2.5 万家，并已经初步形成了产业集群。由于产业集群的出现，职业装生产的每一个重要的技术环节取得较大进展，都能有效地满足职业装市场需求。

一、职业装的市场需求

职业装是服装的一个分支，是政府机关、现代工业和第三产业等工作人员所穿的职业制服和劳动工装。一方面，规模效应的形成对整个职业装生产行业提出了更高的要求，巨大的市场需求量也为职业装的发展提供了广阔的空间。但与此同时，"快时尚"消费模式的流行，使职业装发展面临严峻的挑战。"快时尚"对讲究端庄得体的职业装产生了巨大的影响，因此，职业装未来的发展方向，成为人们思考的问题。

在未来几年里，职业装的市场空间仍然很大，这意味着我国职业装有很大的发展空间。在现代职业装中，工作服的概念已经突破了传统观念，它已经发展成为拥有数亿消费者市场的服装门类，其自身也在朝着细分化的方向发展。

二、职业装的市场渠道

职业装市场渠道的稳定是职业装公司发展的关键。职业装公司应高度重视自身市场渠道的建设和发展，以确保职业装市场和自身产品销售渠道的稳定。职业装的品牌众多，竞争激烈，为了适应市场需要，职业装公司应建立稳定良好的营销渠道。

职业装营销渠道包括销售渠道和促销推广渠道。职业装销售渠道是职业装产品从职业装公司向购买者转移所经过的通道或途径，它是由一系列相互依存的组织机构构成的。

在营销的过程中可以产生以下三种效能：①时间效能，即市场渠道能够及时反映专业服装生产与需求的矛盾，以使职业装公司及时调整生产满足客户的需求；②属地效能，即市场渠道能够解决商品生产与需求空间不一致的矛盾；③所有权效能，即营销渠道能够实现产品所有权的转移。需要注意的是，网络市场进一步强化了营销渠道的这三种效能。

网络市场不仅在时间上还在空间上，以其独特的方式在最大限度上解决了生产和需求之间的矛盾。客户可以在最近的地点以更短的时间获得所需的职业装产品。企业还可以根据客户的个性化需求在短时间内进行生产，并在最近的地点以最低的价格将产品交付给客户。市场营销渠道系统创造的资源能弥补职业装制造商发展中的不足之处。

第三节　职业装的现状分析

职业装是当今社会一种常见的服饰，职业装是兼具服饰文化与企业文化的特殊服装，根据员工职业装的外观和形式可以看出其工种甚至职位。目前，用人单位通常从所属的行业考虑为员工定制职业装，根据不同行业、不同文化背景、不同岗位职责定制不同的职业装。职业装面临的现状是市场运作不规范，设计师需要更新观念，合理使用功能性材料，提高舒适性和安全保护性，兼顾各个层面着装者的需求。

一、设计整体需要提升

我国职业装设计整体需提升，在各大专院校中没有专门针对职业装设计而开设的专业和课程，相较于时装设计，职业装设计师要更严谨，知识面要更广，要准确把握职业装设计的特点。职业装设计师既要精通服装设计的基本知识，又要顾及各类工作环境对职业装的要求。当然它还涉及很多相关的学科，如服装卫生学、人体工程学，设计师还需了解面料的温度调节功能、对辐射的屏蔽功能等安全性知识。同时职业装隶属于企业的 CI（形象识别）体系，职业装设计师得触类旁通，了解企业 CI 策划者的中心思想并将其融入职业装设计中。目前来说，一专多能、高素质的专业职业装设计师是此行业中最紧缺的人才。受历史影响，我国职业装曾经模仿或直接使用国外职业装，并且没有能力以此为母型衍生出相关岗位的子型设计。设计师往往忽略企业的文化内涵，只在面料、色彩、款式等方面进行多个子型设计，款式、色彩、材料的随意拼凑导致格调不一致、系列感消失，使职业装无法具备整体的特定美感。

在职业装外观设计要求较高的案例中，企业本身的理念、环境与服装之间没有一定的关联性，无法使服装成为装饰的一部分。在职业装设计上相互模仿比较严重，缺乏独创性。有的以相当低的成本模仿一些高成本职业装，跟风现象愈演愈烈。在种种限制下，设计师提出的想法及理念难以实现，因此职业装容易出现不适合单位的环境风格、管理理念等问题，从而给观赏者造成视觉上不适的现象。

职业装在穿着过程中因为误差会出现不同程度的磨损情况，由于部门较多，工种截然不同，工作空间也相对独立，为节省开支，企业会选择部分更换。如果不重视企业的形象，一味地追求时尚更换或修改职业装，会使得酒店的整体性不强。在设计系列职业装时，应先确定一个基本的母型作为整个设计的主题并与企业理念或环境有所关联，在此基础上通过服装的色彩、造型、功能、配饰的变化衍生出众多相关子型设计。子型的具体变化可以体现在同色调不同面料、同款式不同色彩面料、同面料不同款式或用细节装饰区分同款式同面料的不同岗位制服。如图 1-13、图 1-14 所示的系列化设计以存于山水之间、云端之下的仙鹤为主题。仙鹤有延年益寿、高尚忠贞的吉祥寓意。设计中提取仙鹤翅膀羽毛的元素，将它们概念化，分别以不同的刺绣图案体现于这个系列服装的各岗位制服中。

从酒店极简的新中式装修风格中提取几何、渐变等元素，从灵感中提取仙鹤图案加以简化运用，以日式和风、水墨感等不同方式呈现。款式方面以简洁为主，注重领口、袖口、口袋上的细节设计，整体风格是现代时尚的新中式风格。局部细节需要印花、刺绣工艺处理。

图 1-13　系列化设计中的元素提取（作者：陈颖）

设计理念

本系列制服是为迎合该酒店的装修风格而设计的，极简的新中式装修风格赋予本系列极致现代化的中式情调。以存在于山水之间、云端之下的仙鹤为灵感。仙鹤有延年益寿、高尚忠贞的吉祥寓意。仙鹤为羽族之长，自古称为"一品鸟"，寓意第一，是古代一品官的象征。用此形象带入本次设计是为深入到本度假酒店的核心——"中华养生"的意境中去。整体配色以青灰色调为主，充分展现清新典雅的气质。

图 1-14　系列化设计中的设计理念（作者：严烨晖、陈颖）

在门童的制服设计中将翅膀的羽毛元素作罗圈状设计并有序排布于前门襟上，与中餐厅服务人员的右衽刺绣领型形成呼应设计。在前台接待中将具象的羽毛印花图案直接装饰于前肩，与中餐厅服务员制服袖口的图案形成呼应，在西餐厅制服的围裙中拼接羽毛罗圈印花图，简约时尚。在整体设计中春日青、灰色、黑色交叉运用于带有传统服装款式元素的制服中，你中有我，我中有你，形成统一整体的设计（图 1-15）。

效果图汇总

图 1-15　系列化设计中的效果图汇总（作者：陈颖）

二、市场运作不规范

我国职业装的需求量很大,但长期以来,一直没有一个全国性的职业装行业管理协调机构。由于缺少公平竞争的交流平台和规范的运作机制,专业服装招标过程中甚至存在地方保护。另外,职业装生产本身技术含量不高,门槛低,一些没有生产能力,又不具有技术实力和经济能力的投机者利用不规范的职业装市场机制也加入竞标承担职业装的加工任务。无序的竞争会使市场运作更加的复杂,对真正有实力的服装企业产生了很大的影响,加剧职业装市场的无序竞争和不正当竞争,也严重损害了消费者的利益。

三、产品质量还需加强

产品标准不规范会影响职业装的生产质量。目前,职业装产品的材料和服装辅料产品标准不完善,产品标准随意性强,特别是部分防护服产品标准存在考核项目不全、绩效指标偏低等问题。例如:一些防护服标准已有20多年没有进行修订,导致产品标准过时,难以适应现实需要;有的职业装产品没有产品标准,导致生产及验收的不规范,进而影响到职业装的性能和质量。

原材料质量不佳,会影响职业装产品质量。在许多职业装中,其面料、辅料及装饰品存在质量问题,一些辅料的品种单一、陈旧、性能比较差。例如:一些职业装用羊毛含量高的面料,而衬里则使用纯化纤布及涤纶短纤维缝纫线,由于这些材料在收缩率、穿着性能和使用寿命等方面存在较大差异,这不仅给缝纫、制作、生产带来一定的困难,而且影响到服装的性能质量和使用寿命。一些服装企业在采购原材料时,存在重面料、轻辅料的弊病,有的工厂甚至使用未经检测的原材料,这不仅严重影响职业装产品的质量,同时也影响了企业的声誉。

对产品质量监督不强,导致质量问题时有发生。由于职业装种类繁多且单位生产量不高,大型服装企业较少涉及,所以生产工艺有待提高。一些企业对职业装的原材料实行定点采购和生产,但由于技术监督不强,产品在生产过程中仍存在不少薄弱环节和漏洞。另外,有的企业管理不严格,一些生产工艺和加工技术不到位,主管部门对产品质量的监督力度不够,难以实现对产品质量进行全过程的动态技术监督,导致职业装的产品质量时有波动,影响职业装质量的稳定和提高(图1-16)。

四、科技含量不断提高

职业装在设计和生产上开始依靠科技手段,不仅节省了人力、物力和时间,而且使自身研发的产品能够脱颖而出,占领职业装市场,具体表现为三个方面。一是在职业装的设计和生产方面,发明和使用具有高科技含量的软件和设备。例如:服装CAD制板推板排料技术、三维人体测量技术等，电脑服装设计与配色、电子挂送系统、电脑辅助上袖机、开袋机、合缝机等具有高科技含量的软件和设备，加快了职业装设计的智能化和自动化生产，大大提高了生产效率和质量，也进一步降低了生产成本。二是随着全球进入电子商务时代，企业可以方便、快捷地获取各种业内信息，如热门信息、商业信息及销售信息等，可以在短时间内了解销售渠道，也可以在互联网上发布企业信息，开辟新的销售渠道从而获得更大的经济效益，提高企业的知名度和竞争实力。三是在职业装面料的开发上，国内的职业装企业开始与国外密切联系，开发出一系列新型功能面料产品，如抗辐射、防静电面料等。

图 1-16　职业装工艺设计细节（作者：李潇鹏）

安全、卫生、无害、无污染、节能的环保纺织品研究也取得了长足的进展。科学家利用转基因技术培育出了无污染、穿着舒适的再生纤维素新品——大豆纤维和木浆纤维；防皱整理剂正在向无甲醛过渡，许多整理剂都在向低毒方向发展；防静电、防辐射、免烫、阻燃等高科技含量的面料已成功开发。这些都为企业制造环保型职业装奠定了坚实的技术基础。

第四节　职业装设计的发展趋势

纵观职业装漫长的发展历程，职业装发展应该从根本上改变仅仅停留在款式设计、工艺革新的层面上，要将环保功能、科技含量、产业升级作为职业装未来开发的创新点用来满足不同行业消费者的不同需求。职业装也应向团体定制品牌化、民族特色化、地域特色与时尚融合和可持续发展方向发展。

一、团体定制品牌化

职业装作为企业文化与企业形象的重要组成部分，已成为一种特定的文化象征。越来越多的企业家都意识到统一定制的职业装对于增强企业凝聚力、提高企业文化形象的重要作用；各企业普遍把企业形象、企业素质和企业文化等纳入综合实力。近年来很多服装企业都感到采购商对服装设计的要求越来越高，而一些职业装生产厂家只顾埋头生产，在产品营销策略上单靠低价竞争来赢得市场，并且在产品设计和品质把控上投入较少，长此以往，没有产品品质这一核心竞争力的企业，最终很难在市场上开拓出属于自己的品牌空间，在品牌上的获利更是少之又少。

目前，我国职业装品牌企业对于企业形象建设的关注度不高，一些企业甚至没有品牌管理部门，更缺乏品牌管理人才；有的企业则将品牌建设简单理解为品牌的知名度，盲目投入巨资做广告，而暂时的广告效应并不能给企业带来长期发展的动力，职业装的品牌化才是实现持久发展的出路。我们要借国家大力倡导文化自信和大力发展文化创意产业的大好时机，迅速提升我国职业装行业整体的产品研发能力与设计水平，促进我国职业装行业，尤其是高端团体定制的品牌化。

在信息化高度发达的时代，消费者越来越理性，想依靠"广告＋荣誉＋明星代言"的方式推广品牌，并创造销售奇迹的时代已变成历史，很多企业投放广告所收到的效果微乎其微，甚至是入不敷出。面对这样的市场环境，笔者认为打造品牌是时代的发展趋势，要结合企业自身的优势，找准自己的位置；理性、科学地制订出企业发展之路。

"市场对职业装的质量、设计风格及款式的个性化要求越来越高，开始越来越注重职业装的审美性和文化特色。"目前职业装已经逐渐摆脱刻板化和保守主义，融入现代文明，已经形成一个强调时尚、舒适、环保和健康的新格局。"创新设计是引领职业装潮流的核心。结合不同购买者的个性和特点，设计出艺术性与实用性完美结合的服装，是打开专业服装市场的有效手段。"

二、民族特色化

职业装的风格按民族特色分类有俄罗斯风格、吉卜赛风格、印第安风格、西方风格、非洲风格等。在法式面包房、韩国烤肉店、日式茶馆等场所都能看到从装潢到饰物、从家具到制服都透露出浓郁的民族特色，令到访者难以忘怀。然而将过于传统的服装作为制服不利于民族特色文化的广泛传播，新中式职业装设计在这个个性化的时代将打破"千店一面"的僵局。走向世界的新中式职业装，以国际化为基础，学习国际上先进的职业装设计技术，进一步融合国际时装的先进概念，牢牢把握国际职业装设计的准则，使职业装设计体系更加规范和科学化，适时展现民族文化符号。

将中国职业装民族风范与国际接轨形成了新中式职业装，新中式职业装设计师所表达的精神和情感融入了他对中国历史、文化、艺术和现代时尚的理解，是东方风格的时尚再现。民族文化的融入应该是凝练系统的而非元素的直接堆砌或者是直接猎取与照搬。融入民族特色不仅是继承文化传统，更是艺术品的创新，可以选取一些传统纹样、造型或是材料以独特的手法运用于现代制服中，使其流露出传统文化的内涵与神韵。随着设计师对中国文化的深入挖掘与提炼，与国际接轨后的新中式职业装不仅能代表中国形象，还能引起国际风潮，让新中式职业装在世界范围内成为时尚。

近年来印度高端奢侈酒店跻身世界前列，成为游客的打卡胜地，比如印度新奢华主义宫殿酒店集团 The Oberoi 于 2015 年在全球最佳酒店的评选中获得第 1 名（图 1-17）。他们将水池、树木、长廊与典型的印度式的亭子结合，其充满民族风情的庭院设计堪称完美，酒店工作人员的制服更是点睛之笔，贯穿整座酒店。印度男子服饰中最典型的标志就是其头上的巨大头巾，这个头巾长达几米，他们魔术般地将它包在头上，并且不同的宗教和地域都有不同的包法。这家高端酒店用制服非常自信地向全世界的游客展现了他们的传统服装，这值得我们在设计新中式酒店制服时借鉴。

将中国元素与国际接轨，首先需要我们树立文化自信。在国际时尚舞台上有很多品牌采用中国元素，它们不拘泥于自己所了解的历史文化，以开放的姿态不断吸取中国优秀文化，将它们玩转于时尚圈。比如 Prada（普拉达）2017 春夏大秀上，笔挺的西装上绣制中国花鸟，这些传统中式民族元素在模特身上大放异彩，全面展示了西方视角下的中式简约元素。中国人能更好更深刻地理解中国文化的内涵，近两年国潮崛起，再次让世界人民看到了优秀的中国文化。比如玫瑰坊、盖娅传说、东北虎等依托中国传统民族文化的时尚品牌。这些品牌的设计师挖掘出中国传统民族文化精髓并用于酒店制服，将中国酒店制服加入传统文化元素。当然，民族化的职业装设计构思不仅局限于传统服饰文化，还可以是民族文化中的其他方面，如中国传统的瓷器、彩陶、书法、建筑等，都能为职业装设计提供创新思路。

新中式职业装设计的民族化不能只局限在某种代表性的服饰上，比如说起中式就联想到端庄的旗袍。过于标签化不利于新中式职业装的全面开发和与国际时尚接轨，只有真正读懂中国文化，将其体现在职业装中，才能更广泛地被五湖四海的大众接受从而成为一种潮流。

图 1-17　印度高端酒店及制服设计

三、地域特色与时尚融合

中华文化博大精深，地域特色更是精彩绝伦。在进行职业装设计时要注重客户群体的喜好和接受程度，在展现地域特色、增加亲和力的同时注重时尚元素的融入。比如极具地域特色的新中式酒店制服设计往往要提取当地盛装中的元素，而在设计过程中还应当兼顾员工的舒适性，考虑其功能性。在我国西南地区有家特色酒店，该酒店是一座毫不张扬的藏式土木结构的小楼，其对面有水鸟栖息，酒店内的浴室铜盆、钥匙牌、藏式地毯等每一样都是精心打造的。其工作人员服装为传统的藏式服装（图 1-18），然而遗憾的是该职业装设计并没有对地域特色元素进行有效提炼与深化。随着到访客人的国际化与数量的提升，该酒店的职业装必定会得到重视并且保留其自身的地域特色。

图 1-18　酒店制服 1

在我国内蒙古地区有家特色酒店，无论是建筑的形式，还是内部的装饰都充满地域风情。辽阔的草原孕育了当地人强悍坚韧的性格特点，他们喜欢做手扒羊肉、烤全羊，煮大碗的奶茶，在该酒店能感受大块吃肉、大口喝酒的豪情。在这家地域特色浓厚的酒店中，我们可以发现部分工作人员穿着他们的民族服装（图 1-19），与宾客们碰杯以示热情的待客之道，然而这些华丽繁复的服装，会给人一种表演的感觉而无法融入工作人员的生活中而显得不够生活时尚化。

目前我国地域性特色明显的酒店工作人员的制服偏向于对传统服饰的完全复制，这并不完全可取。笔者认为可以在几个特殊的岗位采用传统服饰风格的职业装，以展现地域的特色，使宾客能"入乡随俗"。有的工作人员考虑到其工作的需要可以将职业装简化处理，在保留地域特色的同时可采用简洁的款式以满足工作需要。

图 1-19　酒店制服 2

四、人文关怀下的可持续发展

人文关怀与可持续发展是设计领域不变的主题。不断出现的新面料、新概念、新技术逐渐运用到职业装设计的全过程。其中纺织材料的变化日新月异，科技含量也最高，因此需要设计师时刻关注纺织材料的科技发展，及时将无污染、有利于生态保护、悬垂性好、透气性佳的环保面料运用到职业装上。目前国际上已有明确的标准与制度，例如：世界上最权威的、影响最广的纺织品生态标签有欧盟规章《化妆品注册、评估、许可和限制》、欧盟生态标签 EU ECO LABEL 等。从服装设计本身来说，要注重面料的可持续性。职业装每几年就会换一批，因此回收利用的概念需要加强，从而做到节能减排，绿色环保。在有条件的情况下可以采用聚酯纤维作为服装的原材料，它是一种经过化学处理制造出的可循环利用的功能纤维。作为设计公司，注重环境保护也是责无旁贷的。在职业装设计中，对功能性的把握离不开专业的设备以及严谨的科学精神。因此设计公司可与多个厂家合作，从而解决技术上的问题。在职业装设计中还需注重成本控制，尽量避免工作人员的不断流动或流失带来的经济损失，可针对不同职业装的特点采用规格定制和跟踪服务等措施在最大限度上节约成本。

随着国际社会对环境问题的日益重视，职业装领域也掀起了"绿色"旋风，绿色环保职业装的市场需求也越来越大，相关企业应积极研发环保面料。将"环保""绿色"作为技术攻关的目标，以顺应国内、国际市场的需求。比如大豆卵白纤维、玉米卵白纤维、竹炭纤维等天然环保纤维合成面料成为品牌职业装企业的首选。

第二章
职业装的分类和属性

　　职业装是为了体现自身行业特点，并区别于其他行业而专门设计的服装。它具有很明显的功能性和识别性。它的识别性使人们更容易区别出不同职业，还有效规范了职员的行为，并使之文明化。本章从不同的角度出发，根据性别、季节、需求等角度对职业装进行系统的分类，并诠释了职业装的基本属性。

第一节　职业装的分类

一、按性别分类

（一）男性职业装

　　男性职业装的具体种类主要包括西装套装、夹克、燕尾服、大衣、T恤、衬衫、针织衫、棉衣和各种配饰等。男性职业装主要体现出男性的着装特征以及各种行业的特色（图2-1）。

（二）女性职业装

　　女性职业装的具体种类主要包括西装套装、连身裙、大衣、夹克、T恤、衬衫、针织衫、旗袍、棉衣和各种配饰等。女性职业装首先要符合行业需要，其次要突出女性身型（图2-1）。

二、按季节分类

　　由于季节交替需将职业装分为夏季避暑职业装、春秋职业装、冬季防寒职业装以满足工作人员四季工作的需要。因地缘关系而导致的季节模糊是一种客观现象，所以我们这里主要是指四季较分明的地区。

（一）夏季职业装

　　夏季职业装的具体种类主要包括短袖衬衫、裙

图2-1　餐饮部职业装（作者：李潇鹏）

子、夏裤、T恤以及各种配饰等。夏季的季节特点是高温、炎热、潮湿。设计从事户外工作的员工的职业装时需要注意款式和面料的选择，以保证服装的舒适性和透气性（图2-2）。

（二）春秋职业装

春秋职业装的具体种类主要包括长款衬衫、西服、马甲、夹克、裙子以及各种配饰等。春秋天的季节特点是凉爽舒适、气候宜人。春秋季职业装在面料的选择上较为多样，女装基本为西服套裙（图2-3），男装基本为西服套装，也有一些休闲的夹克款式。

（三）冬季职业装

冬季职业装的具体种类主要包括长款衬衫、大衣、棉衣、夹克、冬裤以及各种配饰等。由于冬季的季节特点是寒冷干燥，从事户外工作的员工对职业装的保暖性要求较高。此外，南北地区对冬季职业装的要求也各不相同，相对而言北方对职业装的保暖性要求更大（图2-4）。

图2-2　夏季职业装　　　　　图2-3　春秋职业装　　　　　图2-4　冬季保暖职业装
（作者：李晓宇）　　　　　　（作者：吴艳）　　　　　　　（作者：徐慕华）

三、按行业分类

根据行业的特点，职业装大致可以分为四大类：职业制服、职业工装、职业时装和职业防护服四类，具有行业特点和职业特征，能够体现团队精神和服饰文化。

（一）职业制服

职业制服是指根据职业特点与工作需求而设计的企事业单位服装。职业制服的主要特点是必须将单位的共性与个性相互融合，平衡舒适性与实用性，强调功能性和标志性的统一。相较于其他类型的服装，职业制服的主要特征是具有相对固定的服装造型和配饰，其造型款式也较为庄重大方，用色用料也颇有统一性。不同的行业对职业装有不同的细节需求，体现行业特点的职业制服能给公众一种和谐统一的美感。因此，在职业制服设计中，既要体现制服所强调的统一性，又不能失其亲和力。对于此类职业制服有强烈需求的单位包括：国家行政机关（公安部门、法院、海关等）；公共事业与非盈利组织（医院、科研单位等）；一般性企业（商场、工厂、酒店、银行等）。

酒店职业装是从事酒店行业的工作人员穿的服装（图2-5）。酒店职业装涉及前台、管理人员、客房服务、中餐厅、西餐厅、咖啡吧等多个工种和类别。娱乐业职业装是从事娱乐服务行业工作人员穿的服装。娱乐业职业装大致可分为领班制服、歌舞表演者制服等。每一款职业装都是对酒店形象和企业文化内涵的深刻诠释。在款式、色彩、面料等设计元素的选择上，应紧跟酒店整体设计，根据岗位特点综合考虑服装的功能性与美观性。

医生职业装款式简单、方便穿脱，已脏的东西在白色的衬托下更容易被发现，这使医生能第一时间发现伤痕等，这样不仅提高了工作效率，还给患者以安全感。

学生制服主要分成两类：一类是西装衬衫类，女生以百褶裙、A字裙、连衣裙为主，男生以衬衫、休闲西服为主；另一类是运动类学生制服，以针织运动装、T恤为主。学生制服不仅能展现学生的朝气和活力，而且有助于树立管理规范、治学严谨的学校形象，同时也能培养学生的集体荣誉感。由于不同阶段学生的心理成熟度不同，所以对学生制服的要求也就不同。小学生制服要活泼鲜艳、花样多变（图2-6）；中学生制服要动感十足、朝气蓬勃；而大学生制服则要符合其年龄而趋向于成人化。

图2-5　有特色的酒店行业职业装

图2-6　小学生制服（作者：徐慕华）

国家机关职业装是政府机关、国有企业事业单位工作人员所穿的规范化服装。其中包括警察、税务、检察院等国家公务人员和国有企业事业单位员工穿的职业装（图2-7）。政府机关工作人员通常代表的不是个人，也不是单独的一个部门，而是代表着国家政府的形象。这类职业装更换款式的周期较长，因为在国家范围内，国家机关各部门的形象统一认知需要一个过程。此类职业装用料经济实用、做工细致，款式上注重细节的变化，例如：门襟可以用单排扣、双排扣、三粒扣，西装背面可以设计成单开衩或双开衩，等。该类型的职业装要求色彩、款式、细节与政府职能和单位形象一致，在保证职业装的实用性的同时能反映出一定的职业特征。

图2-7　国有企业职业装
（作者：李潇鹏）

（二）职业工装

职业工装是指根据人体工程学和人体防护学的要求进行服装外形与结构的设计，强调保护、安全及作业卫生的功能性服装。职业工装是工业化生产的必然产物，它随科学技术的进步、职业的发展及工作环境的改善而不断改进。

职业工装也称劳动保护服，其保护对象主要是在劳动生产过程中需要防护的一线生产工人和户外作业人员等。职业工装一般用于医学、电子、机械制造、水下等行业，主要防止工作过程中的不安全因素对人体造成的伤害，具有防电、防水、防静电、防尘、隔热、透气等特殊功能，这些是普通服装所不能代替的。

图2-8　机械工人穿着的职业工装
（作者：徐慕华）

职业工装的款式结构、色彩搭配以及材料选择都是以防护功能为目的的。职业工装的特点在于"工"字。它不仅要求规范、干净与美观，而且对服装的质地、生产工艺、实际用途都有较高的要求。例如：农业生产工人在进行户外作业时，需要穿黑色的粗布或卡其布制作的工装；森林工人要穿"三紧工装"，领口、袖口、脚踝处要收紧，以防害虫叮咬；炊事员和食品工人则应穿白色且背后带扣的工装，工作服应在膝盖以上为宜，袖口扣紧，并配戴帽子和口罩，以提高清洁度，防止食品被污染；机械工人经常在机器之间穿行，要避免衣服被机器缠绞，还需要耐摩擦（图2-8）。另外，无论哪种职业工装都应避免过多的装饰，以突出其功能性。

（三）职业时装

职业时装是介于职业装与时装之间的一种服装，主要趋向于时装化和个性化，是一种非统一的时装性职业套装。

职业时装的使用对象以白领为主，例如管理人员、秘书、会计等。职业时装一般对服装质地和制作工艺有较高的要求，不强调职业装的特殊功能，而是注重造型更加简约流畅、修身大方，其用料十分考究，追求色彩的合理搭配与色调的协调统一。总体上职业时装十分注重品位与潮流，时尚度高的同时也不失职业装的特性（图2-9）。职业时装适合一定的场合，它具备时尚与实用两个重要的特点。这些融入时尚创作灵感的设计，能够更加全面地展现职场人员的生活方式和独特人格魅力。

例如金融业包括银行、保险、信托、证券、租赁等经营金融产品的特殊行业。沉稳、大方、时尚是当今金融业职业装的特点，它主要分为接待人员和管理人员职业装（图2-10）。这类职业装设计水平的高低主要体现在领型、门襟、口袋和袖口等部位的细节处理上。在职业装设计的过程中，如果能将金融业的标识和色彩综合运用其中，会起到画龙点睛的作用。随着当今社会经济的稳步增长和金融业的快速发展，与金融业相关的职业装也会有更加美好的发展前景，值得设计师深入挖掘。

图2-9 职业时装

图2-10 金融业职业装（作者：徐慕华）

（四）职业防护服

职业防护服是主要用于特殊工作环境、着重强调安全防护的服装。职业防护服的功能性要求非常高，多用于特殊工作人员。职业防护服的主要特点是面料特殊，有较高的技术含量。例如：在含有腐蚀性物质的车间从事化工生产的工人在工作时，应穿较厚的紧袖防腐防护服，还应穿橡胶围裙、胶鞋，佩戴橡胶长筒手套，如有必要，还应穿可与外界隔离的带有帽盔的橡皮工作衣。职业防护服的功能要求主要包括防静电、抗紫外线、防化学腐蚀、防水等。例如2020年新冠肺炎疫情下的医护人员需要穿多层防护服以隔绝病毒（图2-11）。

图2-11 职业防护服

第二节　职业装的属性

职业装是为了职业活动方便，经充分研究、考察从业人员的各种动作后被制作出来，并且考虑到外观上的美观和仪容性的服装。它是一种集标识性、时尚性、实用性、科学性及时代性于一体的服装。本节对职业装的属性进行了系统的分析。

一、标识性

职业装的标识性主要突出在两个方面：社会角色与特定身份的标志。职业装有利于树立职业角色的特定形象，体现企业理念和精神，有利于公众监督和内部人员管理，并能提高企业的竞争力。职业装的标识性是其重要特征，它能反映从业者在工作环境、文化素质和性别等方面的差异。如证券公司的"红马甲"、邮递员的绿色服装、商场导购人员的服装等。另外，无论在超市还是餐厅，顾客可以根据服务员的特定服装轻易地分辨出其身份并向其寻求帮助。公路上交通警察的服装（图2-12）、学生校服的反光条纹，都增加了标识的安全性。

职业装的标识性可分为等级标识、场合标识、性别标识、身份标识。标识的设计在于对款式和色彩的搭配，以及服装配件和企业标志的运用。成功的职业装应该有一个完整的标识识别系统，从而形成别具一格的职业装。

二、时尚性

职业装首先要满足工作的需求，穿着舒适有利于相关工作的开展，同时也可以区分社会其他行业的工作人员。职业装的时尚性可以通过打破传统的设计思维，融入多种元素的方法实现。在融入时尚元素的同时也需体现着装者的审美需求。以目标群体追求的时尚元素作为出发点，考虑其所处的社会环境等，分析其年龄以及型体特征，从而设计出能够体现他们职业特征的时尚职业装。为了更好地体现时尚性，这类职业装在设计过程中可以采用上下色彩以及面料不统一的搭配方式。

三、实用性

图2-12 交通警察服装
（作者：徐慕华）

职业装的实用性强是区别于生活时装的最大特点。既然是工作时穿的服装，从服装对人们精神方面的影响来说，穿上职业装，员工就要全身心投入工作，履行自己的职责，增强工作责任心和集体荣誉感。在材料的选择上，为了符合各行各业的工作性质，在设计中要考虑材料的物理化学性能、生物性能以及加工性能等；在款式的设计上，要以工作特征为依据，合理设计，过于花哨的设计可能只适用特定的岗位；在制作加工上，要求剪裁准确、型号齐全、缝纫牢固、包装良好。

职业装实用性的另一方面是经济耐用。物美价廉是大部分职业装的特点，从客户的角度而言，定制职业装的费用应是事先预算好的；从生产者的角度而言，不能让职业装像过季的时装一样低价出售，必须保证基本的利润。在质量检验合格的前提下，尽可能地做到一衣多穿，减轻使用企业与服装企业自身的负担与成本。

四、科学性

如今现代科学的一些最新研究成果已应用于职业装生产制作的全过程，如材料、设计、打板、制作、包装等环节。其中，产业用纺织品的科技含量最高，新型纺织材料的发展给职业装提供了新面料，职业装也因此发生了翻天覆地的变化。目前国际上最流行的环保面料，由于其无污染且有利于生态保护，其悬垂性、透气性等性能优于现有的所有面料，而被广泛运用于多种职业装（图2-13）。

运动装是一种特殊的职业服装，专业体育人士的超常规运动，危险性较大。人体的头、胸、腰、四肢等都需要受到特殊的保护。因此，专业体育人士的服装及配饰在款式、结构设计上应更加注重符合人体运动的科学，在一定程度上减少运动过程给人体造成的伤害，降低环境对运动员造成的影响。另外，运动装在保护和防护人体的同时，其面料、结构、款式等还应符合人体工程学的原理，便于运动者在运动时活动自如，减少运动中产生的阻力。服装CAD的应用，极大提高了设计与打板的准确性和效率，现代化计算机技术的应用完善了现代服装工业的各个环节，提升了配套水平。随着科学技术的发展，职业装也将显示出科学的无穷魅力。

五、时代性

服装的时代性是一个永恒的话题。由于政治、经济、环境、文化等因素的影响，每个时代的时代特征通过服装的色彩、造型和配饰等折射出来。当今的职业装不但继承传统服饰文化的精髓而且迎合时代的发展，同时兼具外来服饰文化的特点，表现出百花齐放的繁荣景象。服装贵在创新，如新颖的款式造型、时尚的色彩搭配、精细的工艺制作等。职业装在生活中随处可见，自然具有更鲜明的时代特征。比如，解放初期的列宁装成为当时流行的职业装；中餐厅的迎宾旗袍与清代的旗装大相径庭，"中式西做"的结构和各式领口、开衩和配饰等装饰，都使现代旗袍熠熠生辉（图2-14）。

图2-13 采用新面料的职业装　　　　　图2-14 广州某公司旗袍

第三章
职业装设计的过程

目前职业装设计已经形成了一套完整的工作程序和产品管理流程，设计师熟悉职业装的设计过程可为职业装的设计打下坚实的基础。设计职业装的每一个步骤、每一个环节均环环相扣，因此其中的联系显而易见。职业装设计前期要对着装对象的职业特点、性别、工作性质、工作环境等要素进行充分的调研。因此，优秀的职业装设计师应该在充分了解设计需求的情况下，明确流程，并且运用特有的设计思维进行设计。本章主要介绍关于职业装设计的一些必要过程。

第一节　需求沟通与市场调研

一、需求沟通

随着经济和社会的发展，我国的职业装需求量不断提高，职业装企业应该充分利用现有的机会提高自身的综合实力，以争取开发更多销售渠道。在设计和生产过程中，企业要学会如何有效与客户互动交流，并且以口头和书面的形式向客户展示自己的作品，以求获得客户的信息回馈并和对方达成一致意见。

（一）沟通交流的重要性

企业与客户沟通交流的一个目的是传达自身已经超越了其他同类公司的地方以显示自身的非凡实力，进而获得客户的认同和信任。如何与客户沟通交流并达成共识，是职业装设计的关键环节之一。

设计人员应向顾客详细说明设计的过程和步骤，针对不同的职业一般包括以下几个方面：设计的目的、需要满足的功能、着装环境以及企业文化等。需要注意的是，职业装的设计必须站在企业的立场上。许多职业装设计最终未能成为现实可能是因为沟通上的不足让企业误解了设计师的意图。所以设计师表达的方式必须专业化，才能让双方的沟通交流高效化、准确化，才能让企业意识到设计师是站在企业立场上的。职业装公司代表和主要设计人员与客户进行沟通是一种必要的信息交流，这种交流包括职业装公司和客户对设计内容进行交流，听取反馈意见，并及时提出改进方法，从而避免设计资源浪费。每完成一个工作环节双方就需要及时沟通。例如：在面料选择方面，在选择了一些面料小样后，设计师应及时与客户沟通，以确定最终采用的职业装面料，如果不进行沟通，只是一味地自己想当然地进行样衣制作，那么其设计的方案很可能被企业推翻。每一次沟通交流后的决定都要以书面形式固定下来，由职业装公司提供给客户进行确认签字，双方都要尽可能快速地跟进完善，避免以后出现多次修改的现象，这样不仅缩短了工作时间，还节约了设计成本。图 3-1 是与客户沟通后的设计草图。

图 3-1　与客户沟通后的设计草图（作者：孙欣晔）

（二）需求沟通的重要过程

当职业装设计的项目进行到不同的阶段时，双方沟通交流的重点将会发生变化，一般会有两个阶段，分别是设计稿阶段和样衣制作阶段。这两个阶段都要多注意，多交流。

1. 设计稿阶段

在与企业达成一定的共识后，设计师就要将获得的所有信息都汇总起来，并将其整合到服装效果图中。设计师的设计画稿是从设计意图到产品完成的中间环节，它将服装设计的构思落实到纸上，形成直观的、最初的服装款式平面形象。因此，设计画稿应能清晰、准确、完整地展示服装的结构和穿着效果，通常采用服装效果图和服装款式图相结合的形式。设计师应当对服装的诸多方面进行考量，例如功能、构造和材料等，为了有效表达设计构思，设计师需要画出服装的前、后、侧视图，最好在旁边附上面料小样和文字说明（图 3-2）。大多数客户对设计草案并不了解，此时设计师就要向客户介绍自己的想法，让客户了解面料、色彩带来的美感和舒适感等。进行多次沟通和修改之后，设计终稿实际上是一种无形的契约合同。

双方协商后，设计初稿阶段的准备工作越完善，设计意向表达得越充分，企业疑虑越少其信任度也会越高。具有较高公信力的职业装企业注重终稿内容，会将终稿作为样衣审核的重要部分，严格按照终稿的细节进行制作，这有利于职业装公司的发展。

2. 样衣制作阶段

设计出的定稿只能称得上是"纸上谈兵"，图稿和实物穿在身上的效果还是有差别的。在职业装制作的过程中，设计师要通过沟通将职业装的设计理念明确地传达给客户，同时也要倾听了解他们的需求。通过双向沟通，不断调整后达成共识，从而完成职业装样的制作。但是由于初期的设计稿带给客户的只是平面化的绘画信息，客户缺少对成衣的想象，有时可能会在看到样衣后提出异议，认为设计稿与样衣存在偏差，这时，设计师应该利用自己的专业知识对客户进行讲解。

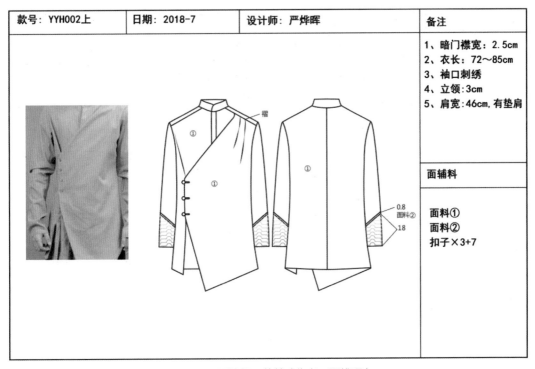

款号：YYH002上	日期：2018-7	设计师：严烨晖	备注

1、暗门襟宽：2.5cm
2、衣长：72～85cm
3、袖口刺绣
4、立领：3cm
5、肩宽：46cm, 有垫肩

面辅料

0.8
面料②
18

面料①
面料②
扣子×3+7

图3-2　设计师工艺单（作者：严烨晖）

在样衣阶段，设计师可以有选择地让客户试穿职业装，毕竟他们对自己的岗位是最熟悉的，以便对职业装的面料、版型和款式细节提出合理化的建议从而提高职业装的舒适性。这种利用实物进行的交流沟通，具有更加直观的优点。

二、市场调研

（一）调研的重要性

市场调研是指为了提高产品的销量，解决产品销售中的问题，组织运用科学的方法有目的收集、统计数据并进行研究。

面对竞争激烈的职业装市场，如果不做市场调研就不知道客户是谁，对手是谁。知己知彼，方能百战百胜。这句话就充分说明了项目的成功应建立在详细了解市场信息和正确判断的基础上。在做市场调研时，首先，应该明确市场调查的目标和内容，确定好调查的方向，然后设计调研方案。其次，了解和掌握企业或者团队的性质、管理体制、经营理念和社会形象；国内外职业装的现状和特点以及行业之间的相关法规、标准和惯例等。最后，根据确定好的调查内容、对象以及目的，考察目前职业装的使用情况，并根据工作性质、工作环境、工作对象的职业特征和规律收集现场资料。图3-3展示了某酒店职业装的前期调研信息。

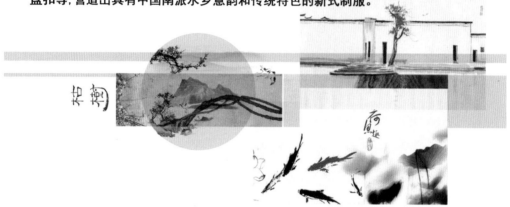

灵感来源

黎里古镇隶属于江苏吴中区，东临上海，西濒太湖，南接浙江，北依苏州；地理位置优越，文化底蕴深厚，近代更有以柳亚子为代表的南社文化。

本次系列设计主题——荷鱼趣，以中国画水墨晕染元素为主题，借莲花与鱼儿的谐音为连年有余，色彩上提取国画中的浓墨、淡彩，在现代款式上结合中国传统立领、对襟盘扣等，营造出具有中国南派水乡意韵和传统特色的新式制服。

图3-3　某酒店职业装的前期调研（作者：李晓宇）

（二）调研的内容

在最初的沟通中，专业服装公司应该非常熟悉和了解客户及其所在行业的基本情况。在了解了公司概况后，职业装公司可以对之前的研究内容进行论证和比较，包括与同行业优秀职业装的横向比较和企业以前穿的职业装的纵向比较。研究成果应建立在客观基础上，用图片和文字展示项目设计的研究背景，报告要清晰简洁，围绕项目主题层层展开。比如为五星级酒店大堂经理设计职业装，首先进行横向调研，收集北京、广州等地五星级酒店的职业装信息，以及日本、韩国等亚洲国家的酒店职业装情况。其次进行纵向调研，根据企业各岗位的工作性质进行分类调研。对以上的所有资料进行汇总、归类并分析出要点，为新职业装的设计思路提供理论基础。

1. 横向调研

横向调研是指对客户所处行业中同类型优秀职业装的整理和比较。横向调研是一个系统性很强的市场调研，包括对行业环境的了解、目标市场的选定和分析等。每个职业装设计项目都是针对一个特定的行业，横向调研就是通过针对这些项目，研究客户所属行业的其他公司的优秀职业装，包括款式、面料、色彩、配饰和细节等，了解员工和外界对职业装的评价，职业装应该符合社会公众的要求，尤其是该行业从业人员的要求。

对于客户来说，同行业的不同公司是其竞争对手，除了提高产品的质量外，如何提升企业形象和员工形象，形成有特色的企业文化越来越受到企业的重视。横向比较是从企业的角度出发，针对激烈的市场竞争环境在同一领域进行的调研活动。其根本是研究同类型企业的核心文化，这种文化是在企业的核心价值体系基础上形成的，包括延续不断的共同认知和习惯性的行为方式。

2. 纵向调研

职业装设计中的纵向调研是根据企业各岗位的工作性质进行的分类调研。包括企业视觉形象要素的调查；企业部门的工种分类，包括岗位、性别、年龄（图3-4）等；员工的工作性质、劳动量、劳动形式、作业活动范围的大小、运动规律；了解企业对新职业装的颜色、款式、面料等的具体要求以及其他特殊意见；记录员工对原职业装的评价；调查一下员工在服装实用性上有什么建议，这便于满足使用者对生理、心理、功能等方面的要求，对时尚、风格、品位、文化的要求。

一、各部门统一岗位

1. 经理　　　　　　　　　　　　　　　（男女西服）（设计制服）2款
各板块负责人

2. 主管　　　　　　　　　　　　　　　（男女西服）（设计制服）2款
各部门主管、副经理、财务主管、运营部、营销部艺术团、商品部等

3. 行政文员　　　　　　　　　　　　　（男女西服）（设计制服）2款
（酒店美工、行政领班、质培专员、电子商务、宿舍管理员）
（养老部采购专员、仓管、市场拓展员）（财务部收款员、出纳、会计）
（景区商品专员、渠道专员、营销部文员、电商专员、市场专员、招商专员、渠道片区长）（营销策划部销售后台、置业顾问）

4. 保安　　　　　　　　　　　　　　　（男款制服）1款
工程　　　　　　　　　　　　　　　（男款制服）1款
酒店工程弱电、技能工、维修员工、消控员

5. 餐饮
厨师长　　　　　　　　　　　　　　（男款制服）1款
厨师　　　　　　　　　　　　　　　（男款制服）1款
酒店餐厅厨师、养老部二厨、白案
厨工　　　　　　　　　　　　　　　（男款制服）1款
酒店食堂帮厨、员工食堂厨师

二、酒店各部门

1. 房务部
礼宾　　　　　　　　　　　　（男款制服）冬夏各1款
前台　　　　　　　　　　　　（男女制服）1款
客房清扫　　　　　　　　　　（男女制服）1款
领班　　　　　　　　　　　　（男女制服）1款
大堂副理　　　　　　　　　　（男款制服）1款

2. 餐饮部
餐厅服务员　　　　　　　　　（男女制服）1款
传菜员　　　　　　　　　　　（男女制服）1款
VIP服务员　　　　　　　　　（男女制服）1款
领班　　　　　　　　　　　　（男女制服）1款

3. 康体养生
服务员　　　　　　　　　　　（男女制服）1款
SPA技师　　　　　　　　　　（男女制服）1款
领班　　　　　　　　　　　　（男女制服）1款

4. 销售部　　　　　　　　　　　（男女制服）1款
销售经理

图 3-4　某度假酒店岗位纵向调研部分内容

第二节　实地考察与产品设计

一、实地考察

实地考察要求设计人员亲临工作现场，了解工作性质、环境，以及工作环境对员工造成的现实或潜在伤害，以在进行设计时满足客户的需要，特别是有防护作用的职业装。

此外，设计师还需要对企业的识别系统进行研究，它分为企业的概念识别、行为识别和视觉识别。需重点考察其中的概念、标志、标准色等，为后期设计构思提供依据。

这不同于一般的时装设计市场调研，它可以分为宏观与微观两个角度。宏观上，研究国内外同类职业装的现状和特点；微观上针对具体企业的职业装需求进行考察。实地考察可概括为收集资料、听取意见、了解法律法规、明确标准、研究现状等，以形成较详细的文字资料作为设计的主要依据。信息来源可以从职业装需求处的主管部门获得，也可从相关的行业、数据库和现有的职业装档案中获取。设计人员必须对数据进行归纳、分析，并根据企业需求为设计方案做好准备。

二、产品设计

随着社会的进步，在基本需求逐步得到满足的情况下，企业对职业装有了更高层次的要求。现在的职业装已不仅仅是劳动保护服，在强调企业文化的今天，职业装展现的是一个企业的形象，所以职业装的风格就显得尤为重要，这体现了设计师的审美能力和设计能力。

（一）设计的创新点

设计的创新点是职业装设计师在设计的过程中力求打破传统设计手法、突显企业形象和特色的细节元素。职业装的创新性要求非常高，设计师可以运用不同的搭配技巧或者是非规律性的设计手法进行创新和突破。但是始终要牢记职业装创新应该符合企业整体风格，也要符合社会、企业的需要，不能太过另类。

每个企业都希望自己的职业装和其他企业不同，且带有一定的个性化特征，就像企业的标志一样，不允许雷同，这也是企业在商业化竞争中树立自身品牌形象、突出自身形象的重要途径之一。但是职业装与时装又是有所区别的，它受环境和工作性质的制约，在款式、色彩和面料的选择上有诸多的限制，有相对的稳定性，不会像流行时装一样多变。所以，职业装的创新可以体现在细节上，可将时装的特点以点缀的方式运用到职业装中，使职业装充满时代气息。这对设计师提出了新要求，职业装设计师应打破以往的设计思维，为职业装设计拓展出更广阔的空间。

（二）确定面料和辅料

在设计职业装的过程中，设计师们在选择面料和辅料时必须进行充分的考虑。不同工作环境对职业装的面料和辅料的要求不同，确定面料和辅料是一件职业装从设计到生产的重要环节。

1. 选择面料

根据客户的预算和对职业装的要求，选择合适的面料。职业装面料的选择首先要满足某些特殊工作或适应某些特殊环境的需要，有时候还要具备比较特殊的功能，例如防水、防电、防风、防尘等。在选择具备此类功能的面料时，要一丝不苟、精益求精，绝对不允许放松标准，否则会对人体造成伤害甚至威胁性命。

2. 选择辅料

除面料以外所有的用料统称为辅料。在职业装设计中，辅料的使用较多，从纽扣、拉链到衬料都属于辅料的范畴。辅料与职业装的款式、面料、色彩的搭配密切相关，选辅料的时候应该将面料确定好，然后针对主要面料选取不同的辅料进行搭配，辅料的差别往往体现在个别细小的地方，但是就整体而言，可能会造成很大的差异。

第三节　方案确定与合同签订

一、方案确定

设计师需明确服装的款式风格、色彩搭配、面料选择等，这就需要将所有的设计构思呈现出来。一般在设计职业装时，可以从整体设计和局部设计入手。

（一）从整体设计入手

从职业装的整体风格入手，协调服装的造型、色彩搭配、面料选择等，逐步使职业装的形象具体化。整体设计包括结构特点、线条感、面料肌理、装饰手法和服装搭配。同时，结合服装的形式美法则，通过分解与重构等手法进行职业装形象设计（图3-5）。

图3-5　整体设计系列职业装（作者：吴艳）

（二）从局部设计入手

根据设计需要，考虑相关的要素如风格、款式、色彩、面料、装饰等，结合服装的设计原理及整体职业装形象来进行局部设计。设计师也可以选择一种服装基本形式作为构思的方向，将其合理地表达出来，最终形成职业装的整体设计。

在设计中，要抓住一两个要素为重点进行设计。例如：可以以色彩、款型等为重点进行设计。这里不提倡太多的设计重点，否则设计元素太多、太平均反而显得主次不分、过于凌乱。设计师要考虑到职业装整体的平衡，如图案、面料、装饰是否合理，色彩运用是否协调等。

设计师如何将好的设计构思表达出来是关键，单纯语言的描述无法满足客户的要求，服装设计对于绝大部分客户来说是陌生的，设计师只能通过专业的设计画稿与客户进行前期的沟通和交流。

职业装设计师可结合自身经验和对企业的调研制作一份设计初案用来表达设计思路。多分支的分组设计也是职业装产品设计初期的设计手段。每一个行业、每一个企业都有自己的特点，客户的审美观也存在差异。设计中需注意满足客户对生理、心理等方面的要求，符合社会公众认可，满足使用者对风格、品位、文化等的要求，这样的职业装设计才能吸引客户的眼球，才能在投标竞争中脱颖而出。因此，在设计初案阶段，职业装设计公司针对一个项目会推出几组不同风格的系列，通常有3～4个系列供客户挑选，这些分组系列的色彩和款式会有所不同，可以给客户选择的余地。

设计终案是职业装公司向企业提供的最终设计方案（图3-6），也是后期职业装生产样衣的依据。随着双方沟通和交流的不断深入，选定的设计初案经过设计团队的优化升级使每一个细节都确定下来，双方对职业装的款式、面料、色彩、辅料的搭配都逐步达成共识，形成设计终案。设计终案中应包括每一套职业装的穿着效果图、款式图、面料小样、面料成分、辅料、简单的工艺说明、价格等。

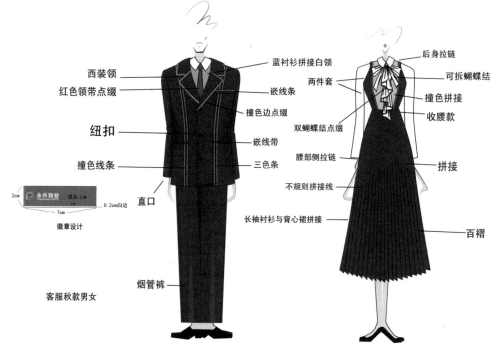

图3-6 设计终案的细节说明（作者：严烨晖）

无论是设计初稿还是设计的终稿都是以装订成册（图3-7）的形式展示给客户，以体现出设计的专业性和条理性，书面表现有手绘和电脑打印两种。目前职业装公司基本上都是用专业的电脑绘图软件进行设计，服装效果图要真实地表现职业装穿在员工身上的效果，清晰、完整地表达出设计师的设计意图，服装款式图要准确体现职业装的款式造型，旁边附上简单的工艺说明、面料小样和成分，然后将服装效果图与款式图进行排版设计，最后装订成精美的册子，册子尺寸不宜过小或过大，一般是A3或A4纸大小。

在项目投标时，职业装公司会准备一份电子演示文稿，把职业装效果图、款式图、设计说明等书面图稿中的内容做成电子文本，在投影屏幕上向决策者讲解整套设计思路和每款职业装的设计内容。

图3-7　书面成册的设计图稿

二、合同签订

合同是当事人之间建立、变更和终止民事关系的协议，依法成立的合同受法律保护，双方合作有必要签订相关的合同。在合同执行期间，甲乙双方均不得随意变更或终止合同。合同如有未尽事宜，由双方共同协商制定补充规定，补充规定与合同具有同等效力。

（一）合同的重要性

制定一个规范的合同对有效解决经济纠纷，保护当事人的合法权益，维护社会经济秩序，促进社会主义现代化建设都具有十分重要的作用。职业装公司和企业之间都要学会运用法律手段加强自我保护，双方在签订设计和加工合同时，要对设计要求、价格、职业装质量、加工费、交货期限及违约责任等问题一一说明，明确双方的权利和义务，以便发生纠纷时可以通过法律途径保护自己的合法权益。

（二）合同的主要内容

合同签订后具有法律效力，因此，合同的内容具有规范性、专业性和广泛性，双方的基本信息和服务条款应明确地出现在合同中，作为今后双方合作的标准。合同的基本信息主要包括服务项目、付款金额、双方名称、签订时间等具体信息。

1. 服务项目

双方根据自身的能力和要求协商后，将具体内容在合同中做明确规定。

（1）设计部分

合同上需注明甲方要求乙方设计的职业装种类、数量和要求，设计稿和样衣的确认时间、确认次数和方式，以及双方的违约责任。确认设计稿和样衣后，由双方代表当面封签，双方需在确认单上签字，样衣交由甲方保管，作为后期的验收依据。

（2）生产部分

合同上要体现每件职业装的品名、款式、工艺、面料（成分、专业机构的检测报告）、颜色、尺码、数量、交货日期，以及乙方的违约责任，并将每款职业装的生产通知单、检测报告作为合同附件。

（3）售后部分

合同上要注明职业装的包装、送货、维修、退换货和补单情况。包装内容包括单件职业装的包装方式和外箱的包装方式；送货内容包括送货地点、时间和运输方式；维修和退换货内容包括职业装出现质量问题后，乙方依据怎样的标准解决出现有瑕疵的职业装；补单内容包括乙方承诺甲方后续零散职业装的交货情况。

2. 付款金额

项目的合作是建立在互惠互利的基础上，职业装公司向企业提供满意的服务，企业支付相应的报酬给职业装公司，双方应慎重地对待合同中关于付款的相关内容。

（1）支付定金

在职业装设计工作正式启动之前，甲方应在规定时间向乙方交付一定数目的定金，作为乙方前期工作的保障。定金的作用有两种情形：①合同正常履行时，定金充作价款或由交付方收回；②合同不履行时，适用定金罚则，即交付方违约的，无权收回。接受方违约的，应双倍返还定金。

（2）付款期限

在职业装合同中，付款期限约束着甲方的付款时间。合同上要注明双方在何时支付款项，甲方通常会选用分期付款的方式，这种方式可在双方合作的每一个环节起到相互制约的作用。

图3-8为某职业装公司订单合同的部分内容。

3. 常用合同

职业装的设计和制作涉及很多环节，职业装公司在一个项目中会跟客户方、面料供应商、制作加工方发生业务关系，面对不同的对象所签署的合同内容也是有差异的。

（1）与客户方的合同

在整个职业装项目的运行过程中，职业装公司要尽可能地满足客户的需求，合同应根据双方达成的协议进行签订，在设计细节、交货时间、价格等方面都应该一一列出说明。

服装订单合同

合同编号： _____ 签订地点： _____

甲方： _____ 乙方： _____

甲乙双方经过友好协商，就买卖相关事宜达成一致，签订以下条款共同遵守：

第一条：产品清单（商品数量大于下列表格，则令设清单作为合同附件）

货号	颜色	尺码/数量					总量	单价	合计金额
		S	M	L	XL	XXL			

合计金额（人民币大写）： ____ 万 ____ 仟 ____ 佰 ____ 拾 ____ 元整 （小写：￥ ____ 元）

第二条：付款方式
1.双方签约后，甲方需向乙方支付_____%的基本货款。
2.尾款结算日期为甲方收到货物后的_____个工作日内。
付款方式：银行卡转账
开户银行：
卡号：
用户名：

第三条：双方责任
1.甲方定制服饰的货号、颜色、尺码，不符合合同规定的，应负责及时调换，如质量问题乙方应当在五个工作日内完成退换。
2.如甲方存放不当等原因，导致质量问题，责任由甲方自负。
3.乙方如有突发事件延误交货时间，需要提前三个工作日取得甲方书面确认，否则甲方有权追究违约责任。
4.甲方不能按时验收货物的，需提前三天通知乙方，并做好顺延验收工作计划，顺延验收交货日，最长不能超过七天。
5.质量参考为乙方提供的样品作为质量标准。

第四条：退换货
1.甲方收到货后_____天内，不影响二次销售，并保证包装及吊牌的完整。

图3-8 某职业装公司订单合同的部分内容

（2）与面料供应商的合同

面料供应商是为职业装公司服务的，为职业装公司保质保量按时完成生产提供有力的保障。面料供应商应按职业装公司提供的面料样布进行生产，保证各项面料指标准确无误，双方应对面料的相关指标在合同中一一列出。

（3）与制作加工方的合同

有些职业装公司将项目拿到后，由于没有加工能力，或交货时间紧张，会将职业装的加工制作分包给服装加工厂，这就要在合同中对职业装的质量、数量、违约责任和交货日期等做出说明，以此约束加工厂。

第四节 样衣阶段与批量生产

职业装产品的生产是指从打样衣到确定大货生产的过程，例如排料裁剪、组织流水生产、质检、包装入库。其中主要分为样衣制作和大货生产两个阶段，期间涉及的部门和人员要比设计阶段更为复杂烦琐。

一、样衣阶段

样衣的制作是连接设计图和大货生产的重要桥梁，是保证职业装产品质量，提高生产效率必不可少的环节。

（一）样衣的制作

在确定了职业装平面款式后，就要通过制作样衣，将设计师的设计图稿转化为立体的实物。样衣是在工厂的样衣间完成的，样衣工需要依设计师的设计图稿，按照拟订生产程序模拟生产，根据不同面料和款式制作样板，在制作中记录每道程序的各项数据并提出建议，以便最终制定大货的生产程序。

样衣制作尺寸要准确，相关部位轮廓线应精准吻合，并尽可能忠实于设计方案，如果有必须改动之处，应该及时与设计师商量讨论，在征得设计师同意之后，以书面的形式进行变更。样板上应标明职业装的款号、部位、规格及质量要求，并在拼接处加盖样板复合章。为了保证后期的生产，样衣一定要制作完整，并且确定参数，这对于职业装的大规模生产至关重要。图3-9展示的是制作好的样衣。

图3-9 制作好的样衣

（二）配饰的确认

配饰能营造更好的职业装视觉效果，它依附于职业装的整体，可根据职业装整体风格而对相应的饰品进行改造设计与制作。配饰的选择主要是从美观性和工作性质等方面考虑，甚至包括着装者的心理感觉。配饰的完善不容忽视，在完成服装制作的同时，还要完成领带、领结、丝巾等配饰的制作生产。如果不考虑职业的性质和特定的环境，片面强调耐脏性，或过度强调素色都是不合适的，这容易造成职业装色彩单调的现象。选择配饰看似琐碎，但往往起到画龙点睛和提升品位的作用。这样既丰富了职业装的色彩又使该职业装明显地区别于其他企业，更具识别性，进而充分体现企业自身形象。

（三）封样

客户拿到样衣和相应的配饰时，会查看服装效果与预期的是否有差距。除此之外，职业装区别于时装最重要的一点就是职业装是针对性强的服装，所以对样衣的检查还要仔细。样衣制作出来要检查其效果与设计风格的一致性，设想整个公司全部人员都穿上的效果，如发现了问题，要及时对样衣做修正。如对样衣认可，下一步客户将检验职业装的款式尺寸是否准确、缝制工艺是否达到要求、样衣的细节如辅料材质和颜色是否正确。确认各项指标准确无误后，双方签字封样，这也就成为职业装大货生产和客户检验的标准。

二、批量生产

在样衣得到企业的认可之后，就要组织批量生产，批量生产的第一阶段是对企业员工进行体型测量，以获得所需的参考数据。职业装对员工们进行测量后，设计师根据这些基础数据进行归类总结，从而整理出适合该企业的 3 ~ 5 个型号，作为日后的生产标准。

在一定的阶段内，一次生产的，在质量、款式、面料和工艺上完全相同的职业装的数量是不确定的，根据不同款式，职业装每次投入生产的数量可以分为大批量生产、中批量生产和小批量生产三种。在生产阶段，每一道工序都有专门的工人操作，有条不紊地完成每一件职业装的制作生产。

第五节 售后服务与保养维修

一、售后服务

（一）搭配饰品设计

职业装配饰中，最常见的有帽子、领带、领巾、领结、手套、袖章等，它们都具有美化外表和进一步标识身份的作用（图3-10）。职业装的配饰设计应当尽可能地开发和运用企业已有的视觉元素来进行创作，应当与整体风格相协调，不能为了求新、求异而任意增加装饰物，避免破坏职业装内在的标识性和严肃性。

（二）送货发货

对于客户迫切需要的职业装，职业装公司一般在服装入库后就会立即出库，这样可以减轻仓库员工的工作量，也便于加快仓库周转，提高配送效率。立即出库还需与派车系统连接，便于及时安排出库用车。货

图3-10 空姐领巾设计

物立即出库后，要及时进行出库数据处理，打印出库单据和报表。送货的详细地址应提前与客户确定，通常职业装公司负责安排送货，按规定时间送到指定的地点。职业装送到后，接收方应按照单据认真核对职业装的品名、款号、数量，准确无误后方可抽样，按照样衣的标准检验职业装的外观质量、内在质量、规格、数量、标识等项目，出现检验不合格的产品，客户方应在规定时间内通知职业装公司，并有权要求返修。验收发生争议时，可将其交付权威检验机构，按国家标准对产品进行检验。当客户方的接收人收货确认无误后，要在送货通知单上签字，送货通知单由职业装公司保留（表3-1）。

表3-1　职业装送货通知单

送货通知单							
生产单位：			送货单位：				
送货单位地址			市　　　　区　　　　路　　　　号				
送货时间			年　　月　　日　　时　　分				
送货联系人			电话				
送货品名	规格	数量	备注	签收人			

　　当企业员工达到一定数量时，根据相应的体型测量数据将职业装准确地发放到每个员工手上，也是职业装公司应该做好的工作。职业装公司应安排相应的人员随货一起，到企业指定的交货地点协助企业进行职业装发放工作，要做到有条不紊、稳中有序。国内部分专业职业装公司已采用先进的物流配送系统，即职业装公司将职业装按企业的总部、分部、各部门、岗位等分别编号并将职业装直接发送到员工手中，职业装有任何问题，例如服装尺码有误、衣服大小不宜、服装质量问题等，企业都可直接与职业装公司联系，进行快速调换。

二、个别调整

　　在与企业签订合同时，职业装公司要根据职业装的数量、质量、价格等因素来协商并确定双方都认可的返修标准和数量。因为职业装的成衣化生产毕竟还是有别于时装和单人定做的服装，如偏差过大，比如西装系不上扣或上衣肩部明显过宽等，这就要对职业装进行修改甚至重做。有些员工对职业装这种批量化生产的产品期望过高，希望自己能得到一套与自己身型非常相符的职业装，并在细节上很挑剔，面对这些情况，职业装公司要坚持约定好的返修标准和数量，掌握主动权。

三、搭配手册

一套职业装至少有 3 件以上的单件服饰，部分配饰较多的职业装，有大于 5 件的单件服饰、帽子、领带、领结、围裙、章肩等配饰，都具有美化外观和标识身份的作用。为了便于员工正确搭配职业装，职业装公司应将职业装的款式、配置、穿着规范、注意事项等制成着装手册（图 3-11），方便不同岗位的员工了解职业装的配置及穿着要求。

四、保养维修

一般来说，职业装的保质期为半年或一年，一个月内发生质量问题，职业装公司免费予以解决。职业装本身的标识上要注明面料成分和洗涤方式，客户方应严格按照职业装公司提示的洗涤方式进行洗涤，在洗涤方式中要说明：干洗还是水洗、洗涤温度、洗涤剂（碱性、中性、酸性）的选择；脱水方法（甩干和拧干）；熨烫的方法及温度等（图 3-12）。

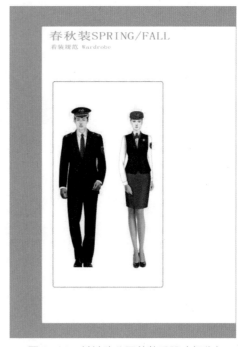

图 3-11　某铁路公司着装手册（部分）

某酒店职业装洗涤说明

按职业装制作工艺、面料特性，对这次交给贵公司的职业装洗涤要求如下：
1.可干洗或水洗。水洗时水温不能超过30摄氏度(最好冷水洗)，洗后熨平(低温熨)。
2.请选用中性洗涤用品，不可漂白。
3.凡有金属链与金属扣装置的职业装，洗涤时必须用锡纸包住，以免损坏、脱落，切记!
以下职业装适用以上洗涤方法：
①宴会厅服务员长裤(男/女)；
②保安、门童短袖套装；
③旋转餐厅领班西服套装(男/女)；
④大堂酒吧服务员套裙。

图 3-12　某酒店职业装洗涤说明

第四章
职业装设计美的形式法则

第一节　概述

随着信息时代的到来，国际化趋势对各国的影响越来越大，人们的审美需求和生活方式也越来越国际化。这是一个追求新奇、变化和个性的时代。企业形象设计是社会物质文明和精神文明高度发展的需要和必然结果，同时也是由形象设计在商业领域中的重要作用所决定的。随着我国社会经济的快速发展，企业形象设计显得尤为重要，并与人们的生活、工作息息相关，近年来企业形象设计越来越注重职业装这一环节。

从历史的角度看，形象设计在国外的发展历史更悠久，而在我国，这一领域还处于起步阶段，尤其是企业的商务形象设计才刚刚开始。在企业形象设计的概念中，"形象设计"一词作为近年来的流行词，人们早已耳熟能详。然而，这一概念在专业书籍和报刊杂志中却鲜有界定，这可能是因为企业形象设计还处于起步阶段。严格来说，企业形象设计属于现代艺术设计范畴。它是一种融合现代设计共性和自身特点的艺术形式，是艺术、商业甚至工业的巧妙结合。它运用各种设计手段，借助视觉冲击和视觉优化，影响人们的心理审美判断，是人们在一定的社会意识形态支配下进行的一种艺术创作与实践活动。具体来讲，企业整体形象包含的内容很多，包括企业的标识、商标、办公环境、产品包装、宣传资料、员工职业装等。其中企业员工的职业装团体定制设计越来越被重视。在企业职业装的团体定制设计中，设计师需要根据企业的形象识别系统深层挖掘企业文化的内涵，诠释和体现企业的独特风格并考虑企业员工在工作中的特定环境和工作场地等进行服装款式、版型、外观风格等的设计。企业职业装的设计作为企业形象设计中至关重要的一环，一定要体现出企业人员的统一性、识别性和职业性三大原则。

在现代社会，企业建设已经形成了完整的企业形象系统（CIS），该系统包括三大组成部分：企业经营理念识别系统（MIS, Mind Identity System），行为识别系统（BIS, Behavior Identity System）和视觉识别系统（VIS, Visual Identity System）。理念识别系统中统一的经营理念是企业的方向盘，关系着企业的发展方向。行为识别系统可统一员工的行为规范，提升员工整体素质。视觉识别系统包括品牌标志、标准色、徽标图案、员工职业装等。视觉识别系统中的职业装在企业形象战略中至关重要，在管理中发挥重要作用，同时也满足各工种需要，即使工作繁复、人员众多，依旧能够做到有条不紊、忙而不乱。对外而言，能尽显企业的专业化，良好的形象使客户产生好感。在设计职业装时应全面了解其相关历史，经营管理理念，通过设计元素强化企业形象，而此时的功能不再是狭义的实用性，还包括标识性。运用这一理念设计的职业装能提高企业的凝聚力，激励着每位员工努力工作。

强化标识最直接的作用是通过视觉效果传达企业形象，它包含标志性文字、图案、吉祥物、服饰、特定色彩等元素，通过整合设计给顾客带来视觉冲击。例如在强化酒店标识的设计过程中，职业装可加入以下要素：企业的徽标图案及颜色、相关文字等以增强视觉系统的关联性。可以将它们点缀在职业装的胸口、袋边、背后、帽徽、裤缝等处，这些手法既能美化服装，又能再次强调企业形象。设计美观的职业装不仅能体现企业的整体形象，还能使员工保持愉快的心情，从而提高工作效率。

在服装设计中，尤其是现代职业装高端定制和高档工作服团体定制领域，形式美、基本原理和规律反映了自然的性质、分析、组织、利用和形态。从根本上说，就是变化与统一的协调。服装设计作为一种实用性与艺术相结合的事物，它遵循所有的视觉艺术都应该遵循的美的形式法则。

第二节　职业装设计美的形式法则

美没有固定的模式，但是单从形式方面来看待某一事物或某一视觉形象时，人们对于它是美还是丑的判断，还是存在着某种基本相通的共识，这种共识是人们在长期生产、生活实践中形成的。文艺理论家王朝闻在他的《美学概论》中指出："通常我们说的形式美，指自然事物的一些属性，如色彩、线条、声音等在一种和规律联系时如整齐一律、均衡对称、多样统一等所呈现出来的那些可能引起美感的审美特征。"

形式美普遍存在于人类自身、自然界和人工产品之中，人们人为地将这些美加以分析、提炼和总结，并通过自身艺术活动加以实践利用，使之贯穿于绘画、雕塑、音乐、舞蹈、建筑等众多艺术形式之中，遍布于我们生活的每个角落，这些创造美的形式，被称为形式美法则，它包括对称、均衡、节奏、比例、强调、夸张、对比、统一调和等内容。

职业装本身的形式美法则与日常服装一样，都运用到点、线、面、色彩、材料质感、缝制工艺、服饰搭配等设计要素，产生统一与变化、对称与非对称、节奏与韵律等艺术风格上的美感。

一、整体统一与局部变化法则

职业装受工作环境与工作性质的制约，在款式、色彩、面料上有诸多限制，其形制相对稳定，因此只能从局部入手，展现细节之美。局部的创新能有效体现职业装的个性美，需要设计师在设计过程中采用独特的手法。当然在运用不同的设计技巧时，无论是协调呼应还是对比突出，都应该始终牢记职业装的整体风格。职业装的局部设计可点缀流行时装元素，使其充满时代气息；也可以融入传统元素，加强复古韵味。在有限的空间中做无尽的变化，赋予服装趣味性。在多变的细节中保持它们的关联性是整体统一的关键，以统一的主题传达岗位的形象是它的魅力所在。

职业装设计的前提必然是先考虑整体造型，而非精美设计局部后整体组装。在设计的过程中注意局部变化与服装风格统一、局部变化与整体廓形统一、局部变化与服装比例统一、局部变化与服装功能统一。做到这四统一才能使职业装呈现整体的协调美。局部变化与风格统一是指职业装风格取决于局部的变化，若元素与元素之间相差较大，那么职业装风格也就无以定论而显得整体不协调。比如圆形的领子与圆形的下摆统一而形成柔美易于亲近的职业装风格，在服装中"圆对圆、方对方"是较为简单的统一元素，成熟的设计师还可以适当添加一些变化的元素，使职业装在整体风格中显得静中有动。例如图 4-1 的设计中门襟、衣摆、袖口、裤口都采用了弧形结构，双层叠加犹如含苞待放的花朵，在颜色上用红边勾勒蓝布可打破沉闷，显得活泼生动，诠释了女性的柔美气质。

设计主题：一片蓝

设计说明：
　　本次设计采用了沉静清凉的藏蓝色，采用带有微微的肌理感面料，上衣前片、袖口以及裤子脚口都做了两片弧形结构，犹如含苞待放的花朵，更好地诠释女性的柔美气质。细节加以搭配红色的局部镶边和包扣，用生动跳跃的弧线勾勒，既有趣又生动，增加服装的整体结构感和现代感。本款职业装适用于酒店迎宾、总管等职位。

图 4-1　大堂吧职业装设计稿（作者：王胜伟）

局部变化与整体廓形统一指的是服装内部款式设计形成的局部造型与服装轮廓一致。图 4-2 中，服装整体轮廓呈现 A 字型，职业装轮廓干净直白，在职业装内部的设计中采用直线条分割使服装呈现多变的拼接。腰部的曲线分割线条与服装轮廓中垂荡的弧线领型在横向视觉上呼应并融于优雅的大裙摆中；职业装裙子腰间的 Z 字褶量形成的竖向线条与竖向的肩带拼接形成呼应。

局部变化与服装比例统一包括两方面，一个是局部造型在服装中所处的位置比例，另一个指局部面积在服装面积中的占比。服装本身的面积受人体固有结构的影响呈现一定的固定比例。当服装因设计调整结构比例时相应的局部也因此调整，从而保持视觉的完整与平衡。如图 4-3 是服务员外衣与围裙连成一体的设计，口袋占据下摆的 1/3，且袋口线、腰围线、胸口袋边线、裙摆边线将外衣从上到下合理分割，这些线疏密有致令人赏心悦目。

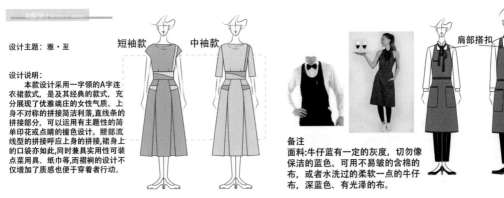

设计主题：雅·至

短袖款　中袖款

肩部搭扣

设计说明：
　　本款设计采用一字领的A字连衣裙款式，是及其经典的款式，充分展现了优雅端庄的女性气质。上身不对称的拼接简洁利落，直线条的拼接部分，可以运用有主题性的简单印花或点睛的撞色设计。腰部流线型的拼接呼应上身的拼接，裙身上的口袋亦如此，同时兼具实用性可装点菜用具、纸巾等，而褶裥的设计不仅增加了质感也更便于穿着者行动。

备注
面料：牛仔蓝有一定的灰度，切勿像保洁的蓝色。可用不易皱的含棉的布，或者水洗过的柔软一点的牛仔布，深蓝色、有光泽的布。

图4-2　整体廓形统一的职业装（作者：严烨晖）　　　　图4-3　职业装的固定比例（作者：李潇鹏）

　　局部变化与服装功能统一是必不可少的，服装存在的意义在于它满足了人类的功能性需求，设计师在设计时只是一味地关注当下的流行趋势将服装设计得千变万化是不可取的，服装功能性设计是历经了多年岁月淘沙沉淀下来的精华，因此设计师对于功能性设计的取舍与变化需要做充分的考虑。

　　西装的袖衩设计起源于英国绅士乘马的生活习惯，目的是便于穿脱与洗手，这种功能性设计被人们接受并流传下来，随着人们生活习惯的改变，设计师可以根据需要做选择性的取舍或演变。在设计稿（图4-4）中一步裙的开衩设计是一种特别的安排，它是为了增加女性腿部活动空间而做的功能设计。设计师将一步裙常规的后开衩放在前侧，好似旗袍开衩一般能表现腿部的线条美，同时与上衣前襟的竖向开口形成呼应，增加韵律。

　　局部创新的手法包括强调、对错视觉等，它强调职业装的面料、色彩、工艺、轮廓等细节，以画龙点睛之势使服装在整体上突出不同的重点而呈现个色的风情。过于繁杂而无主次的设计只会显得杂乱无章，没有条理，使观赏者抓不到重点。在设计中可以将一种元素复杂化、精细化、夸张化从而使其他元素相对弱化，以此来强调设计的主体思想。设计中可通过垫肩、缝纫线来加强工艺特征；绣花、印染可使服装装饰特征加强；花样拼接划分省道可突显结构特征；加褶堆叠可使线条特征明朗化。如图4-5中，女士传统的团状窃衣纹样用机绣工艺强调其装饰性，男士的则是在袖口以同样的图案元素作少许装饰，与女士的呼应，形成系列。

　　将对比巧妙运用于职业装能令人眼前一亮，比如将街头潮流与制

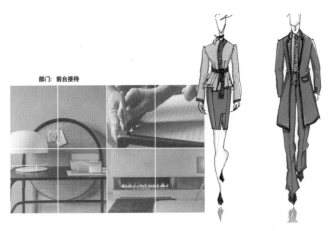

部门：前台接待

图4-4　职业装中的韵律感（作者：杨妍）

服西装对比运用，将皮革与蕾丝对比运用，将对比颜色夸张运用。失败的案例往往在于不能平衡各自的特色而设计成四不像（图4-6）。设计稿中以青果领西装为基础，点缀中国传统工艺梅花盘扣作为装饰并夸张增大盘扣的大小，通过中西方传统元素的对比来增加职业装设计的趣味性。

关键词:窃衣纹样 刺绣 传统纹样图案组合

图4-5　职业装中的局部创新手法（作者：严烨晖）　　　图4-6　职业装设计失败案例

二、均衡法则

均衡是指均衡中心两边的视觉趣味，分量是相等的，它是服装美学原理的重要组成部分，并对服装设计的效果起着决定作用，一套在视觉上均衡的服装能给人以美的享受；反之，如果不能取得均衡，将会使着装者和观看者感到不适。

在几何数学论证中，以中心线为对称轴，两边设计元素的数目和形状各不相同，但彼此始终保持体量感的均衡状态，有对称平衡与不对称平衡两种形式（图4-7）。

（一）对称平衡

对称平衡也称轴对称，两边造型、面料、工艺结构、色彩等服装的构成元素完全相同。对称平衡的设计形式比较稳重，在职业装和工装设计中，在符合大小、材质平衡的条件下，能表现出严谨、端庄的军装风格（图4-8）。

（二）不对称平衡

不对称平衡是一种较为复杂的设计形式，对称轴两边的造型、面料、工艺结构、色彩等服装的构成元素不完全相同，可以是一个元素，也可以是两个以上元素。为使对称轴两边元素在视觉上保持平衡，势必在设计元素的面积大小、方向、多少等方面加以调整。为了打破对称平衡的僵化和庄重，以及对活泼、新颖的着装品位的追求，不对称的平衡设计在现代职业装定制设计中得到了越来越广泛的应用。

图 4-7 对称平衡与不对称平衡

图 4-8 对称平衡设计

三、节奏与韵律法则

节奏与韵律原用于描述音乐，节奏指音乐中不断重复的重音节拍，不同的节奏构成抑扬顿挫的韵律。可以说节奏是音乐的基础，不断变幻的节奏最终形成韵律。在职业装设计中将元素看成是节奏，以点、线、面对元素进行各种秩序的调整，从而产生可视化的韵律美。在职业装造型中对节奏与韵律的调整和把握体现在重复、交错、渐变等表现形式中。然而这些形式美终究离不开线条、肌理、形状、色彩等。

在中国传统绘画中极为讲究线条的运用，有陆探微以线条勾画的"秀骨清像"之美，有吴道子的"莼菜条"线条之美，等等。在职业装设计中，可根据各岗位特征调整线条的排布。管理岗位的职业装要求以简洁清爽的直线条表达干练、理性；前台接待人员的职业装，可用弧线条营造轻松的氛围。但总的来说，职业装设计中线条不宜过于跳脱复杂，以避免失去应有的严谨态度。色彩具有极强的感染力，职业装色彩的深浅、明暗等变化能使人产生不同的情绪波动。在职业装色彩的节奏把握上需根据各岗位属性做合理安排。

职业装设计的韵律美在符合形式美法则的基础上更强调了其趣味性。其中西装已在全球广泛使用，大量职业装设计都参考西装的细节。但千篇一律的款式造型似乎少了一丝新风格的感染力。因此，在设计中往往以点连线，最后全面呈现新风格的特点。全面的呈现可以通过叠加法、抽褶法、渐变法、散射法、折叠法、编织法、旋转法、拼接法、缠绕法等把握好整体的韵律。在图 4-9 所示的设计稿中采用折叠的手法固定领型，使领子边缘呈现有规律的荷叶边，使职业装整体在庄重中不失灵动，干练中不失柔美，巧妙地体现工作中女性的独特魅力。

在图 4-10 所示的设计稿中采用了堆叠的手法在简约修身的衣身上堆叠形成褶皱，并以腰带固定，在勾勒蛮腰之时增添服装的层次律动感。裙身以简洁的几何省道分割打破大身的单调与沉闷，使服装更具细节化。

图 4-11 所示的客房部职业装设计中采用拼接的手法使传统服装更具时尚感，女士职业装胸前的错落拼接成为视觉中心。男士的则采用流畅的线条分割衣身，与女士的胸前弧度形成呼应，

在韵律上呈大气之势。

设计亮点：带有韵律之美的荷叶边与西装领结合运用，使整体在庄重中不失灵动，干练中不失柔美，巧妙地体现了工作中女性的独特魅力。

图 4-9　折叠手法固定领型的职业装（作者：吴艳）

设计说明：

　　本次的设计主要以当下流行的中淑风格线为主，在简约修身的衣身上增添腰间褶皱，辅以腰带固定，在勾勒腰线的同时增添层次感。同时，裙身的省道以及下摆的分割都打破了衣身的单调沉闷，使服装更具细节。旗袍领型则使穿着者温婉有度。主要适用于迎宾、前台招待等职位。

图 4-10　腰部堆叠设计的职业装
　　　　　（作者：王胜伟）

包布纽扣，直径:1.5cm

拼接谷点、敏下、峰点、胸线上移:1.5cm

西装口袋折边:1cm; 袋宽:14cm

立领效果

两片袖

隐形口袋，袋宽：14cm

注意:拼缝层数较多会隆起，需将拼缝开剪口，摊开烫平。

衣长在膝围与臀围三分之一处

图 4-11　客房部职业装设计（作者：李潇鹏）

第五章
职业装设计的基本要素

职业装归属于工作服范畴，为便于开展工作、统一管理、展现企业文化而设计。合理的职业装设计需时刻考虑工作人员所在岗位的特殊性而做针对性设计。对于职业装设计师来说，熟悉并了解特定的行业是设计的大前提，确定职业装风格是设计的关键，它受岗位分类及性别特点、工作性质及所属环境等因素的影响。设计师要科学分析岗位等级及主次关系，合理区分职业装种类并针对各自岗位的特殊性选择合适的造型、面料、色彩、制作工艺等。

第一节　造型设计

职业装设计与一般的服装设计方法基本相似，但也有区别。一般的服装设计主要以流行元素和消费者的需求为主，所倡导的是个人时尚性；而职业装则根据企业、团体的性质、精神理念及企业形象识别系统进行设计，目的是展现整体的企业形象和团队精神。因此，在一定程度上，职业装设计要关注企业或行业的需求，而不仅仅是员工的个性化需求。根据职业装的特点，应在设计上多注重款式的功能性与简约性。

一、注重款式的功能性

（一）款式便捷功能性

职业装设计中需针对各岗位工种的特殊性而进行功能性设计，其中包括纴缝加固工艺、扩展活动量、增加储物口袋等提升工作便捷性的设计细节。比如长期在室外活动的工作人员的冬季职业装可将内胆的夹里或马甲设计成可脱卸式的，一来方便清洗，二来可适用于春秋冬三季而大大降低职业装的采购量与成本。女士的长工作风衣可以在腰间装上隐形拉链以实现一衣多穿，适合多种工作场合。"一衣多穿"的设计能使职业装适合多种特殊场合，如特殊节日的庆典工作，通过脱卸又能快速转变，以极强的便捷性，适应日常的工作需要。一线工作人员由于活动幅度较大，有的职业装会在适当的位置加入余量设计，以符合工作人员的需要。在不同的部位做不同的放量设计，既不破坏整体的美感又可带来功能性上的便捷。比如在制板中放工字褶，肩缝连接处做双层连网设计，一来增加其透气性，二来扩大工作人员手臂的活动范围，在制作中做双压线牢固处理，可减少因多次拉扯摩擦而带来的服装损害问题（图5-1）。

（二）增加储存空间

餐厅服务员的职业装设计可以在腰线上加围裙式的裙布，裙布中间缝制口袋，便于服务员装一些实用小工具，如笔、纸等（图5-2）。在工装制服的衬衫上缝制衣袖调节带，可防止大幅度工作时衣袖的滑落而造成工作不便。

工程类职业装（图5-3）需要设计较大的立体口袋以便能放下大体积的物体，下摆两侧加松紧带设计可以减轻服装下端的晃动感，便于员工活动。膝盖的位置做双层布料设计，以增加其耐磨性。在灰暗空间工作的人员可以在职业装上嵌入反光压条以提高其安全性。

图5-1　扩展活动量设计（作者：陈颖、李潇鹏）

职业参考:西餐厅服务员

设计说明：

本次设计男女款都为宽松休闲的小A廓形短上衣，短上衣能拉长人的比例提高腰线，小A廓形的服装不挑剔人的身材，同时有很好的修身效果，起到扬长避短的作用。

裤子普通直筒西裤，不挑剔人员体型，腰线处加上围裙式的裙布处理，裙布中间缝制口袋，既有装饰作用又有觉强的实用功能。

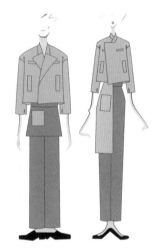

图5-2　西餐厅服务员职业装

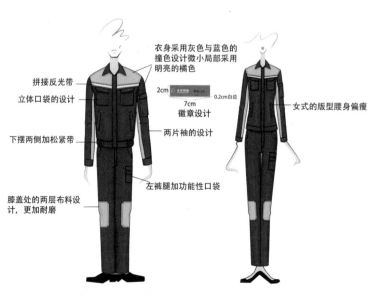

衣身采用灰色与蓝色的撞色设计微小局部采用明亮的橘色

拼接反光带

立体口袋的设计

下摆两侧加松紧带

膝盖处的两层布料设计，更加耐磨

2cm
7cm
0.2cm白边
徽章设计

两片袖的设计

左裤腿加功能性口袋

女式的版型腰身偏瘦

图5-3　工程类职业装设计（作者：王胜伟）

（三）款式保护性

定做的连体工作服一般都是具有独特结构的。由于服装是连体的，通常是密不透风，所以连体服具有普通工作服难以达到的防护功能，从而使穿着者接触到有害物质的可能性减小。一般来说，此类衣服都采用特殊的面料，此类面料具有特殊的物理及化学属性，例如具有防静电、阻燃、耐磨和防油拒水等功能。连体服适用于石油、电力、采矿、冶金、焊接、修理等行业的特殊工作环境中的工作人员。机械工人经常在机器之间走动，需要避免衣服被机器缠住，也需要耐摩擦。因此，他们的工作服就要求是紧身的，同时，下摆、袖口、裤腿都是需要扣合的，而且要求面料结实、耐磨，颜色以深色为宜。

二、注重设计简约性

除了少数昂贵的职业装，如特殊的礼仪服、特种服外，大多数职业装要求其具有合理的性价比。在美感和功能相同的前提下，职业装的设计应尽量降低成本，要从款式、材料、制作的难易、服装的结构等细处着眼。

前期职业装的设计稿（图5-4）决定了其剪裁和缝制工艺，利落的剪裁方式以及简化工艺能降低制作成本。

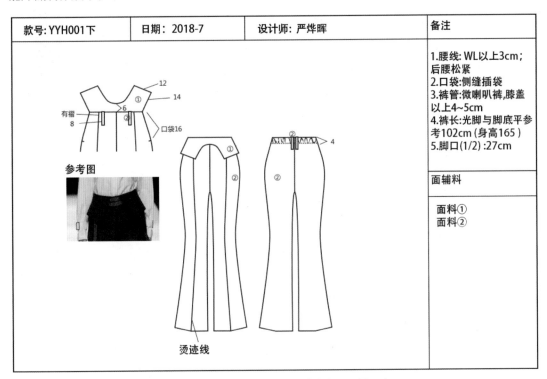

图 5-4　前期职业装设计稿（作者：严烨晖）

平面结构图是绘制定制职业装的平面形态，包括各部分的详细比例，结构设计和特殊装饰，一些配饰的设计也可通过平面结构图加以描述。平面结构图应准确、工整，各部位的比例和形态应符合定制职业装的尺寸和规格，一般用单色线条勾勒，线条流畅整洁。

平面图还应包括为定制职业装所选的面料，但必须把握好其中各种组成要素的均衡和协调关系。度量是区分一个纯形状大小的量，而分量是关于颜色和质量元素的量。假设衣服两边有相同的材质、颜色、形状、数量，它们的度量关系是均衡的，而一旦改变其中一部分的质和色，两者就失去了视觉上的均衡感。均衡是指均衡中心两边的视觉趣味、分量是相同的，它是定制职业装美观原则的重要组成部分，对定制职业装的设计效果起着决定性的作用。一套定制的职业装，视觉上的平衡可以给人以美的享受，反之，如果不能达到平衡，着装者和观赏者都会产生心理上的不适。另一类是用于表达定制职业装艺术构思和工艺构思的效果与要求。定制职业装效果图强调新的设计理念，注重定制职业装的具体形式和细节描述，以便在生产中准确把握，确保成衣在艺术和技术上能完美体现设计意图。

图 5-5　某物流公司春秋两季职业装（作者：孙欣晔）

以物流公司为例，对于一个经常需要在外从事运输工作的一线员工来说，太多复杂的设计对整个装扮来说显得过于冗长。对于客户来说，色彩丰富的设计会让人眼花缭乱，不适合识别和记忆。这种职业装是不适合企业的长远发展的。因此，设计要简洁大方、时尚美观，这将有助于企业在客户心中树立良好的形象。在春秋两季的职业装设计中，要有相似的设计元素，就像同一档娱乐节目中几个主持人的服装，相似而不相同。因此，物流公司在定制工作服时，最好始终选择同一家职业装公司，以保证工作服的一致性。春秋两款的设计，有助于顾客辨认自己的品牌（图 5-5）。另外，每一款职业装上都应有企业的标识，以便于识别。

三、注重一衣多穿性

一衣多穿指通过扭曲、拆卸、组合以及转换的设计手法使服装呈现出不同的款式造型。它可以是一件端庄的礼服适用于正式场合或是转换后成为常服适用于日常工作；可以是一件薄款的夹克适合天气凉爽时穿或是组合成棉袄适合寒冷的冬季。一衣多穿的设计使一件职业装适合不同岗位、不同场合和不同天气，从而有效降低职业装的生产成本。

四、注重服装廓形

服装廓形指的是人从正面或侧面看到的服装外观轮廓的样子，是服装造型的第一要素。早在20 世纪 50 年代，克莉斯汀·迪奥推出字母造型服装，分别用 A、H、Y、O 等来比拟。在职业装的设计中，廓形有线条流畅柔软的，有简约硬朗的。根据职业装与人体的贴合度，可以将它们区分为紧身型、称身型以及松身型。

（一）紧身型

紧身型职业装的廓形依托于人体自然形态，以弹力面料包裹人体，仅留有 0.5～1.5cm 的松量。紧身型职业装突出人体自然的曲线美，甚至包括强调胸部、腰部以及臀部的造型，这一类型的职业装通常对着装者本身的身材有一定的要求，常用于物品展示行业或运动健身行业，比如体操服、泳装、礼仪迎宾服（图 5-6）等。

（二）称身型

称身型职业装是职业装廓形设计中最常规的形式，它通过服装设计手法中的垫肩、收腰等方式修饰职员身材而形成庄重、优雅、大方的外观风貌，这类职业装适用于大部分体型。称身型职业装可使着装者显得落落大方（图 5-7）。

图 5-6 礼仪迎宾服设计（作者：孙欣晔）

图 5-7 称身型职业装设计（作者：夏如玥）

（三）松身型

松身型职业装基于人体基本形态，以相对宽松的内部空间扩大四肢舒张程度，放松量通常为 8cm 以上，以适应工作时的肢体活动，方便着装者做大幅度的活动。该类职业装主要适用于特殊行业的职业装比如防菌服、手术服、消防服等，通常采用连体的衣服式样增强保护功能。松身型职业装首先考虑的是服装的舒适度，在款式上较简单。舒适度主要考虑两个重要因素：一是面料含棉量的比例，含棉量越高越舒适；二是面料的密度，密度越高垂感越好（图 5-8）。

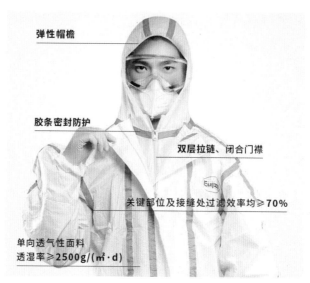

弹性帽檐

胶条密封防护

双层拉链、闭合门襟

关键部位及接缝处过滤效率均≥70%

单向透气性面料
透湿率≥2500g/(㎡·d)

图5-8　松身型防护服

第二节　色彩搭配

色彩往往可能比图形和文字更能刺激人的感官。通过对职业装色彩的设计和选择，企业可以塑造良好的形象。

一、注重色彩的功能性

（一）缓解视觉疲劳

手术室内的医护人员多数穿绿色或蓝色职业装（图5-9），医护人员长时间面对白色如同积雪中产生反光会造成眩晕感。当医护人员长时间将视觉停留在有深有浅的红色器官上时，绿色作为红色的互补色能帮助医生调节视神经，识别出人体各部位红色的细微区别，帮助医生专注分辨手术中的各种细微差别，提高手术成功率。当血液染到职业装上时，绿色的大褂会呈现黑色或褐色，而不是像白大褂上的鲜红色，这会缓解给医护人员造成的视觉冲击。

（二）区别或融于环境

抢险救援服通常采用橙色（图5-10），由于橙色

图5-9　手术室内的医护人员

的可视性极佳，所以在工业用色中橙色多被用作警戒色，即使作业人员在狭窄的空间内或者一些特殊场合中遇险，身着橙色救援服的救援人员因独特而又醒目的颜色，极易被人快速捕捉到。同理专用救生圈也采用橙色，刺眼的颜色便于人们发现，方便救援。执勤交通警察所穿的荧光黄色背心或外套无论是在白天还是黑夜，都容易被司机察觉，从而保护交通警察的安全。陆军迷彩服采用四色组合，分别是棕、黄、绿、褐，能与周围的环境很好地融为一体，具有伪装隐藏的功能。遵循这一要点，我国海军职业装以白色为主、空军以蓝色为主、武警则以墨绿色为主。

二、职业装色彩的搭配

在职业装定制设计中，颜色的选择搭配是影响职业装外观印象的第一要素，不同的色调所传达的感觉也是完全不一样的。

图 5-10　消防救援人员（作者：徐慕华）

（一）职业装色彩的感官指标

1. 色度

色度表示颜色的鲜艳程度。颜色鲜艳的面料会反射光线，颜色暗淡的面料就吸收光线。面料的种类也会影响它是反射光线还是吸收光线，如丝绸一般会反射光线，而羊毛制品则会吸收光线。

2. 色调

色调说明了某种颜色的高低调性，暖色的偏黄，冷色的偏蓝。红、粉、绿三种颜色被认为是兼具暖色和冷色的颜色。不同肤色的人可以利用颜色的这种色调特性来选择衣服，衬托肤色，使之显得协调。

3. 色值

色值是指颜色的明度，是对颜色深浅程度的一种度量。一般用 0 ~ 10 进行等级划分。黑色为 0，白色为 10，所有颜色的深浅变化介于两者间。

（二）职业装设计的基本配色原则

1. 同色

颜色同种，深浅、明暗也会不同。同色相配显得柔和且雅致，若服装面料考究，则会立显高贵。近似色系中包括暖色（红、橙、黄）和冷色（绿、蓝、紫）。设计师通常选择两个暖色和一个冷色或两个冷色和一个暖色来创造动态的和谐。比如海蓝色西服、浅蓝色衬衫和红色带有蓝斜条纹的领带相配。

2. 中间色

中间色指深浅不一的白、黑和灰色。比如米色的休闲裤、白衬衫和灰毛衣相配，虽然看上去不生动、不张扬，但值得回味。

3. 补色

在色轮上正对的色互为补色。如红与绿、青与橙，补色相配能形成鲜明的对比，有时能收到显著的效果。

4. 近似色

在色轮上邻近的色为近似色。如红色与橙色或紫红色相配，黄色与草绿色或橙黄色相配。相似颜色的搭配给人更加柔和的感受。

三、职业装色彩的选择依据

职业装设计可以将标准色作为主色调，辅以邻近色，并点缀其他颜色。当然也可以以标准色的邻近色作为主色，反之以标准色作为辅色，并点缀其他颜色。标准色指的是企业为塑造独特的企业形象而确定的某一特定的色彩或一组色彩系统，如在红色系中可选择朱红、胭脂红、洋红、玫红等各类带有红色视觉的颜色；在黄色系中可采用藤黄、雌黄、雄黄等；在青色系中采用花青、碧蓝、孔雀蓝（图5-11）等。可以将这些美丽的色彩整体运用，更显丰富多彩、和谐统一。

色彩与人们的情绪有密切的联系，色彩的冷暖能给顾客带来心理上的自然联想，如人们看到深蓝色的大海，会感到宁静与威严并伴随着湿润的感觉。力量型色彩有助于增强着装者的自信心，使人充满力量，这种颜色适合管理岗位人员，有利于其表现严谨、一丝不苟的工作态度（图5-12）。

暖色系的服装给人以热切温暖之感（图5-13）。负责接待工作的服务人员多采用暖色系，给顾客带来温暖之感。在特定的工作场合，暖色系会发挥它无可估量的效果，这类颜色多用于接待类职业装。米白、象牙白、米黄、淡绿、淡蓝这类低饱和的色彩（图5-14）使人仿佛置身于春暖花开的季节，给人一种清新舒适的感觉，可降低人的防备心理，给人一种舒适的体验感受。这些色彩多用于理疗中心，再配上药材的香味，能使体验者减少烦躁。低纯度灰色更能体现文职人员的老练与智慧（图 5-15）。

图 5-11 孔雀蓝职业装设计
（作者：杨妍）

图 5-12 力量型色彩职业装设计
（作者：杨妍）

职位：

大堂经理（秋冬）

设计说明：

　　本次设计采用镶边、层叠的工艺手法，将大气的款式造型与精致的细节融合，多次采用立体裁剪的细节手法，使服装看上去更加精致优雅。在色彩设计中主要采用了酒红色，在局部点缀黑色，使整个设计时尚而不失优雅。

图 5-13 暖色系职业装设计（作者：王胜伟）

图 5-14　低饱和度职业装设计
（作者：李潇鹏）

图 5-15　低纯度灰色职业装设计
（作者：吴艳）

第三节　材料运用

　　职业装的面料和辅料随着技术的发展而呈现不断革新的趋势，它和服装的色彩、款式一样，每隔一段时间都会更新。20 世纪 70 年代，马裤呢因其挺括有型，结实耐用，被广泛应用于职业装的大衣外套中；80 年代，大量高端西装制服使用驼丝绵与贡丝锦等。如今上海已成功举办了 14 届中国（上海）国际酒店设备及用品采购交易会，包含当下最时尚的酒店制服款式以及最先进的面料。近年来，随着技术升级，职业装面料也越来越轻薄化、生活化，如薄花呢、哔叽呢。

一、注重面料的功能性

　　职业装设计中，面料和辅料需针对不同岗位、不同部门的职业装对性能的要求进行选择，其中包括生物性能、物理化学性能、加工性能等，其目的是降低特殊环境对人体造成的伤害，最终达到防护的作用。例如：职业工装主要面向蓝领工人，应主要着眼于实际需要，结合行业特点及其对安全性和防污、耐磨、耐洗等性能的不同要求而做出正确的选择；酒店厨师的职业装对防污和抗油性要求就比较高（图 5-16）；

图 5-16　酒店厨师职业装设计
（作者：徐慕华）

而煤矿工人应选择抗静电功能较好的面料。需要注意的是，由于特殊面料的缩水性都各不相同且差异较大，在选择辅料时需进行缩水率测试以保证辅料与面料的缩水性相似，以避免因洗涤而影响服装的美观。

随着纺织技术的进步，不断有新型的功能性面料代替传统纺织面料，并且更加美观和舒适。所以设计过程中要时刻关注国内外的面料市场情况，将优质的面辅料运用在职业装设计中。根据调研机构发布的调研报告显示，至2020年世界功能性纺织品的消费量将达到4200多万吨。面料的功能性包含舒适功能、健康功能以及安全功能。

（一）舒适功能

舒适功能包括高弹、防风、防水、吸湿、防皱免烫、保温等。

吸湿速干性能适用于长时间置于高温环境下的工作人员职业装，相较于一般面料，它具有吸收人体皮肤表面的汗液并快速干爽的功能，从而提高着装者的舒适感。中国电力行业已步入3.0智能化生产时代，但是电力工人仍需到生产现场检查，及时发现设备的缺陷与故障，其中汽包车间存储了大量水蒸气，室内温度接近50℃，因此工作人员总是汗流浃背。针对这一特殊环境，电力行业的职业装在面料功能性设计上采用符合国家标准的吸汗速干性面料（图5-17）。具备防水性能的职业装其面料具有防御水渗透的特性，这类职业装通常应用于水产作业、海洋下水作业、交通警察等行业。防水透气性能好的面料，其独特的透气性能可使内部水汽迅速排出，使人保持干爽。交通警察所穿的反光背心

图5-17 电力工人职业装设计

与执勤防护服并不是和民警制服一样统一由公安部监制，而是由单位购买。因此，在设计这类职业装时需特别考虑其工作环境。交通警察长时间处于无遮挡物的室外，其职业装首先在功能性上需要满足防水保暖的特性，优质的透气功能可增加工作人员的舒适度。

（二）健康功能

健康功能包括防螨、抗病毒、抗菌、防霉、负离子保健等。

抗菌面料能高效地去除织物上的各类细菌、真菌、霉菌并保持织物清洁，防止其再生。在职业装设计中被广泛应用于医护行业。医护人员处于多菌的环境中，抗病毒、抗菌的面料能保护医护人员远离有害物质而保持健康。

（三）安全功能

安全功能包括阻燃、防静电、防紫外线、耐酸碱、防辐射等。

防静电工作服需符合国家《防静电服》（GB 12014—2019），能有效防止静电积聚造成火灾、爆炸等危险，多用于石化、电子、制药、微生物工程等对静电敏感的行业。石油化工行业是存在可燃气体、爆炸性混合物的高风险场所，有些危险物质易产生和积累静电荷，因此该行业的职业装必须采用 A 级防静电面料来加工制作，这种面料采用金属或有机物的导电材料制成防静电纤维或防静电合成纤维，从而起到防静电的作用。石油工作服还得具有反光警示效果，到了夜晚，加油站就相对是一个比较危险的环境。芳纶与静电丝混纺的化纤面料可制成消防服、炉前工作服、高压屏蔽服、飞行服（图 5-18）等一系列防护服装，用于航天、航空、消防、石化、电气、燃气等特殊领域。芳纶是一种新型高科技合成纤维，具有耐高温、耐酸碱、高强度、高韧性等优良性能。在我们的日常生活中，我们每天都会或多或少地接触到电磁辐射，特别是在某些工业领域，工作人员更容易接触到电磁辐射。因为长期接触电磁

图 5-18　宇航员飞行服
（作者：李潇鹏）

辐射会危害人体健康，所以企业会给员工定做防辐射工作服。防辐射工作服基本上是由银纤维或金属纤维混纺的防辐射织物制成，它可以形成屏蔽网来屏蔽电磁辐射，这是防辐射工作服的工作原理。常见的防辐射工作服有大褂和夹克两种款式，偏职业风格，其屏蔽效能高于其他类型的防辐射服。专业的防辐射工作服更适合一些通信单位、互联网技术企业、核工程科研单位、医院等接触电磁辐射较多的人群。不过，现在市场上还有一些日常的防辐射服装，像孕妇和儿童穿的防辐射背心，未来防辐射服装也会越来越普及。

二、注重面料的标识性

职业装是为各行业统一定制的服装，它是为提高企业效率、传达企业文化、展现企业形象而设计的服装。因此，在面料的选择上，除了要考虑其不同的功能性要求外，还要注意到面料的标识性，注重面料的美观，体现各行业的个性形象。从面料的色彩和性能上着手把握面料的标识性，使人们能够轻易地将各种岗位形象辨别出来，识别出不同岗位人员的职位形象。例如：管理层的职业装要求面料质地柔软、色彩稳重（图 5-19）；而工人的职业装面料则相对粗糙。

三、恰当选择面料

面料是服装的载体，选择职业装的面料还需要考虑质地、耐用性、美观性和舒适性。一般情况下，职业装面料应尽可能地采用高纱支含毛量高的羊毛或棉织物等高档面料。用这种面料制作的服装穿着舒适，但缺点是不易打理而且容易起皱。为了保持工作时的干净整洁和良好形象，在春夏时应尽量选择那些经过处理不易起皱的蚕丝、棉、水洗丝、化纤等面料。比如近几年比较流行的仿丝绸、雪纺、锦纶等。对于西服套装来说，可以选择进口的仿毛、仿棉、仿麻等化纤

面料，用这些织物制成的西服，平整、光滑、抗皱、易于处理。秋冬季的服装可以考虑选择 100 根左右的纱线、含 50% ~ 70% 羊毛的面料，这样显得比较高档，也容易打理。这种质地的毛料服装清爽舒适，不易起皱，显得考究却不昂贵。这样的搭配既能体现着装者的气质、形象和身份，又能有效传达企业文化和企业形象。因此，对面料的选择要恰当。

设计师要注意根据不同针织面料的优缺点运用多种设计方法，根据不同的服装类型选择不同的针织面料。比如质地轻盈，具有吸汗、透气、光滑等特性的面料，适合设计成各种线型 T 恤，如果在衣领、袖、口袋、前襟等部位因色彩或材质的不同而发生变化，则更显新颖别致，且易于穿脱。该类面料适合在高温环境下工作的员工，也适合制作时尚休闲服装。而针织绒布、棉毛织物柔软有弹性，可设计成简单的运动休闲服或休闲工作服、工程夹克（图 5-20）等，再采用镶嵌拼接技术，以体现出这类服装的节奏感，使其具有自然灵动的效果。针织毛衫质感柔软，伸缩性较大，显得轻松自然、舒适随意、富有个性。可在这类服装上做些色彩和图案的精美设计或在领、袖等局部进行变化，这样会产生一种时尚感和高品质感。这种面料的职业装适用于教育、文化娱乐、商业推广、互联网技术等行业。如果忽视针织面料的特性，单纯追求复杂的结构造型，势必会导致实际服装穿着效果与设计有较大偏差。因此，针织服装设计的关键在于把握面料的性能，根据面料的特点进行款式、结构和工艺的设计选择。

混纺织物是由天然纤维和化学纤维按一定比例制成的一种织物，可用于制作各种服装。它既吸收了棉、麻、丝、毛、化纤的优点，又避免了它们各自的缺点。而且它的价格相对便宜，所以很受欢迎。

图 5-19　管理层职业装设计（作者：孙欣晔）

图 5-20　工程夹克职业装（作者：李潇鹏）

以下分别说明在不同职业中应如何合理选用面料制作职业装，以及各个面料的特性。

（一）高级衬衫面料

高级衬衫面料有高支棉、CVC（维纶／棉混纺）、牛津纺、木浆天然纤维丝等，它们由高科技制造设备制成，再经过特殊工艺处理后质地细腻、轻柔、手感顺滑、免烫。

（二）制服呢

制服呢是纯涤纶网络丝斜纹织造，克重 265～280g/m²，呢面光洁平整，纹路清晰，弹性足、悬垂性好，光泽自然柔和，色泽鲜艳，不易起毛起球，机洗不易变形。该类面料适用于服务员、普通员工、保安及学校制服。

（三）平纹呢

平纹呢是纯涤纶网络丝平纹织造，克重 240～280g/m²，织物外观挺括，颜色鲜艳，弹性优良，贡子清晰，织物紧密、均匀，布面平整。该面料适合制作服务员、厂矿工人、学生的制服。

（四）高密细纹卡丹皇

高密细纹卡丹皇面料为斜纹交织，布面织纹清晰细致、毛感强，具有良好的悬垂性、手感舒适、垂感性强、不起皱、不起球、不刮丝、色彩鲜艳，适合制作酒店、学校、商场、企业单位等各行业的职业装。

（五）巴迪呢

巴迪呢为中长涤粘织物，2/1 斜纹织造，克重 300g/m²，织物强度高，弹性好，尺寸稳定，缩水率低，款式整齐美观，优雅大方，毛感强，光泽柔和。该类面料适合制作部门经理等中层管理人员的职业装。

（六）舒美呢

舒美呢采用高科技手段将 FDYPOYD/DF 阳离子等原材料经特殊工艺加工而成。这种面料受到国际市场的欢迎。

（七）防静电呢

防静电呢以涤纶、棉纤维为原料，经向嵌织进口有机导电丝，3/1 左斜纹织造。该面料结实耐磨，底面柔软舒适，吸湿透气，有羊毛手感，永久防静电，防尘防暴。它适用于电力、军工、石化、精细化工等特殊行业，同样也适合一般厂矿行业。

（八）衬衫条纹布

衬衫条纹布采用 TC 特殊涤纶长丝，平纹织造，会轻微起皱，风格类似麻类织物，抗皱抗缩，易洗易干，柔软吸汗，耐磨性好，适合做衬衫以及服装配饰等。

（九）高级闪光缎

高级闪光缎采用金银丝等多种原料经特殊性工艺提花制成，布面光泽鲜艳，色彩自然，图案生动，质地较为轻薄。它常用于制作演出服、晚装、礼服等。

（十）毛料

毛料分进口毛料与国产毛料。进口毛料主要来自意大利、英国。国产毛料主要来自新疆，内蒙古等地。

（十一）工装呢

工装呢有 T/C（涤／棉混纺）、T/R（涤粘混纺）等多种成分，是不同配比的系列夹克用料，具有防皱、防油污，悬垂性好，易洗易干等特点，适合各行业职业工装。

（十二）织锦缎

织锦缎的风格类似麻类织物，抗皱抗缩，吸湿性较低，易洗易干，花型清晰饱满，适合做女装、衬衫、旗袍以及各类服饰配料等。

四、典型职业装面料标准

具体岗位的职业装也会有相应的面料标准，典型的有以下几类。

（一）公务职业装

国家、政府机关职员穿的公务职业装要求大方、庄重。在面料的选择上多用高支纱、含棉或含毛量高的 CVC、细纺、贡丝锦、驼丝锦、华达呢、哔叽呢、麦尔登呢和马裤呢等。该类职业装要求织物具有良好的质感、吸湿性和透气性（图5-21）。

（二）酒店职业装

服务性行业通常对于形象的独特性和美观性要求很高。这一行业的职业装所使用的面料选择范围相对较宽，按照档次，经理级别的通常用 CVC、T/C，高支纱精纺毛料系列，

图 5-21　公务职业装设计

如哔叽呢、华达呢、薄花呢等，要求面料整齐典雅，弹性好，质感好。服务员通常用羊毛含量低的面料或仿毛华达呢、哔叽呢、巴迪呢和化纤料等，要求面料保型性好、抗皱、平挺。此外，酒店职业装还经常使用织锦缎、涤丝织物、提花面料和进口化纤等有特色的面料（图5-22）。

（三）校服

教育系统职业装分为教师服装与学生服装两大类。教师的职业装要求庄重大方、亲切质朴，其面料多选用CVC、纯棉面料、含毛量较高的驼丝锦、哔叽呢、板司呢等，并要求舒适自然，吸湿透气性好。学生服装要体现出青春朝气的一面，适合他们这个年龄段活泼好动的特点，面料多选用T/C、针织面料、含毛量偏低的哔叽呢、混纺华达呢和仿毛系列等，要求面料抗皱、耐磨经穿、保型性好、便于打理（图5-23）。

图5-22　酒店职业装设计（作者：孙欣晔）　　图5-23　大学生校服设计（作者：徐慕华）

（四）金融业职业装

银行投资、证券业的职业装（图5-24）应能体现出理性、严谨、一丝不苟的行业形象。这一行业属于知识密集型行业，工作大多是在办公室或柜台前。该类服装的面料大多选用高支纱、含棉或含毛量高的混纺织物、纯棉斜纹布、棉麻交织、哔叽呢、薄花呢和板司呢等。金融职业装的面料要求高档、质地精良、手感舒适、轻薄透气。

（五）商业职业装

商场职员着装直接反映了商场的风格、特色和档次。商场职员的着装规范具有象征意义并且要便于顾客识别。其面料主要采用涤棉、仿麻、含毛量低的哔叽呢、驼丝锦、混纺华达呢和巴迪呢等。面料要求质地细致、挺括、抗皱、不沾灰、便于洗涤和整理。

（六）产业职业装

产业职业装指医疗保健、工矿企业等劳动性服装，他们的服装要注重功能性。面料的选择多以T/C、涤/棉卡其、混纺华达呢和巴迪呢等为主，有的还需要用经过特殊加工的防菌、抗辐射、耐热防尘等专业面料。面料要求耐磨经穿，易于洗涤，抗皱，吸湿透气性好。

（七）航空业职业装

航空行业对形象的高要求使其在整个职业装体系中最具代表性，不仅要求典雅精致，而且要充分体现不同地域、不同民族的风格。其面料主要有蚕丝、涤棉、羊毛、进口化纤和混纺纱等。面料要求质地细腻、易处理、有特色（图5-25）。

图5-24　金融业职业装设计（作者：李潇鹏）　　图5-25　航空业职业装设计（作者：徐慕华）

（八）保险业职业装

保险行业有一定的特殊性，其服装既要体现出沉稳可信的一面，又要舒适方便，亲切大方，适合外出拜访客户（图5-26）。该类职业装的面料大多数为含棉或含毛混纺织物、棉麻混纺织物、哔叽呢、粗花呢或仿毛系列。面料要求整洁自然、舒适透气、防皱、易护理。

图5-26　保险业职业装设计

五、面料创意设计处理

服装面料的再造也称服装面料的二次处理，它是现代职业装创新设计的有效方式之一，出于职业装整体的便捷性考虑需慎重选用。在职业装设计作品中，可对面料进行开发和创造，可以使其呈现出多样化的特征，体现整体职业装或设计中的细节变化，大大地拓展面料的使用范围。

面料再造是一项创意性很强的工艺，它的设计原理是以"三大构成"和"基础图案"为基

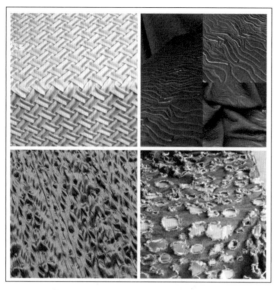

图 5-27　层叠、凹凸、打褶、破洞

础，准确地说是将立体构成的概念运用于材料创造中，是"三大构成"原理的应用。面料再造在形式美法则和现代设计基础"三大构成"的指导下，能使服装设计师在创作中得心应手、游刃有余。

从职业装定制发展的角度来看，单纯地在职业装造型结构上进行突破和创新比较困难。因此，服装材料的开发和创新变得越来越重要，现代职业装设计的趋势是从着装场合和行业要求出发，比拼材料的创意设计，通过材料来表现其设计特色。而服装面料的再设计无疑又为职业装设计增加了新的亮点。

职业服装面料处理方法一般有：分层、抽褶、层叠、凹凸、打褶、破洞等（图 5-27）。对面料进行局部设计时多数采用这些表现方法，有的也用于整块面料。面料形态的减型处理是按设计构思对现有的职业装面料进行"破坏性"处理，如镂空、烧花、烂花、画图、切割、打磨等，形成错落有致、亦实亦虚的效果。面料形态的钩编处理是运用各种各样的钩编技巧，将不同质感的线、绳、皮条、带装饰花边，用钩织或编结等手段，组合成各种极富创意的作品，形成凹凸、交错、连续、对比的视觉效果。面料形态的增型处理一般是将单一的或两种以上的材质在现有面料的基础上进行黏合、热压、车缝、补、挂、绣等，从而形成立体的、多层次的设计效果。如点缀各种珠子、亮片、贴花，运用盘绣、绒绣、刺绣、纳缝等工艺手法。当然，由于职业装具有职业性特征，设计师在进行这种局部处理时一定要把控好度，掌握好点缀的比例范围，不能影响到职业装的整体布局效果，更不能显得太过花哨。面料形态的综合处理是在职业装定制设计中对职业装面料采用多种加工手段，如剪切和叠加、绣花和镂空等，创造出别有洞天的肌理和视觉效果。

六、辅料点缀

服装辅料是定制职业装的"点睛之笔"，企业在定制职业装时往往只会与职业装制作厂家说明企业对材质、款式、颜色等方面的要求，而忽略了一些细节问题，比如口袋布料、拉链、纽扣等这些辅料的材质，这些看似不起眼、实际上却起着画龙点睛的作用，对整个职业装的定制设计至关重要。如果仅仅是材质、款式、颜色等突出，而拉链、纽扣等辅料品质不佳的话，在很大程度上会降低职业装的品质。某些职业装制作厂商对这些辅料的选用仅出于美观考虑而忽略产品的质量，或者有的生产商选购一些便宜的辅料来降低生产成本，这就会使整套职业装的质量大打折扣，让本来的"高端定制"变得有些低廉。因此，企业在与职业装制作厂家协商时，就必须考虑到这些辅料的细节。

辅料的细节包括工作服拉链和纽扣不仅是要求结实耐用、美观，而且还要具有特殊的功能性，例如石油化工行业的职业装拉链、纽扣必须采用具有防静电性能的绝缘材料，并且这种具有防静电性能的绝缘材料要有与金属相似的硬度和质地。企业要本着"一优俱优"的心态去定制职业装，除了主料好，辅料也要好，这样才能提高服装的整体质量。当高品质的职业装穿在人们身上、展现在人们眼前时，从整体到细节都给人一种高端、得体的印象。

第四节　工艺方式

在职业装设计中对不同工艺方式的运用将呈现不同的特色。传统的工艺装饰手法包括绣、拼、钉、雕、盘、补、编、垫、染等工艺。这类传统手工艺精美绝伦，点缀在衣物上独具一番东方特色。然而这类费时费工的精美手工艺并不适用于大批量生产的职业装，且不易打理。因此，在选择传统工艺表达时需要设计师反复推敲，找到适合批量生产、易于打理、反复洗涤的工艺方式。

一、印花工艺

印花工艺是用染料或颜料在纺织物上施印花纹的过程。如图 5-28 中将用直的传统印花布给西装作点缀设计，分别体现在男士的领带女士的领部装饰带和裙下摆处，一步裙以假两件的形式增加其层次感，使蓝印花布在行走中若隐若现。

图 5-28　采用印花工艺的职业装设计

二、绣花工艺

中国刺绣工艺名震四方，自然是设计师体现中式职业装特色的一个重要手法。将传统刺绣改为机绣，并将丝线改用不易起球的涤纶线，小面积的刺绣图案点缀，活化整套职业装，成为点睛之笔，给酒店职业装注入浓郁的东方韵味。为了使绣花工艺更好地融入酒店文化与风格，应选择恰当的绣花手法以及相匹配的图案。将富有装饰性的龙虎图腾、水墨山水画、花开富贵图、工笔鱼鸟画融入酒店职业装做局部点缀，用美轮美奂的东方刺绣、如锁绣、平绣、十字绣、打籽绣等，展现职业装的别样时尚。图 5-29 中将中国传统祥云刺绣装饰于西式燕尾服的肩膀处，采用平绣手法简约大气，凸显古典气质与时尚气息。

图 5-29　采用绣花工艺的
职业装设计

第六章
职业装的配饰设计

从配饰的不同组合可以分辨职业的差异，正所谓细节决定成败，高品位的配饰设计可以提升职业装的整体效果。在设计之前，首先要了解这个企业的整体形象、企业精神以及整体职业装设计的方案，以此作为配饰设计的参考标准。从功能性上看，根据配饰的属性可以将职业装配饰分为两种类型：一类是装饰型配饰，另一类是实用型配饰。装饰型配饰在职业装中的装饰功能更加突出，可以起到提升职业装美感的作用，如丝巾、领带、领结是职业装中最常见的装饰型配饰。实用型配饰主要突出实用的功能，比如帽子、手套、徽标和工号牌等。这些配饰看似微乎其微但在实际穿着中起着重要的作用，是职业装设计不可缺少的一部分。

第一节　领带

1850 年左右，西服被用作礼服；到 1870 年左右，人们开始穿西服，领带也变得更加时髦成为与西服搭配不可缺少的装饰物。领带就像胸衣和裙子一样，可显示一个人的性格特征。受历史影响，戴领带被视为一种绅士行为，是严肃守法的象征，这正是当时男人刻意追求的。那个时候，领带的形状为带状，通常是斜裁的，内夹衬布，领带的长度和宽度会有变化，颜色以黑色为主。据说领带结是 1868 年英国人发明的。时至今日，职场中穿西服套装的男士，再系一条得体的领带，既美观大方，又给人以典雅庄重之感。

一、领带的色彩

一条好看的领带可以给整身装扮大大加分，其实衬衫与领带搭配的学问也很大。青年人应选用花型活泼、色彩强烈的领带，以增加使用者的青春活力；对于年龄较大的人，则应选用庄重大方的花型（图6-1）。同时，在注意衬衫领带搭配的同时，还应注意衬衫领带配色的协调性，以增加优雅脱俗的良好效果。一般来说，领带的色彩应与着装者的职业相吻合。如餐饮店、酒吧等的员工可以选择色彩跳跃的领带，企业管理人员和行政部门人员则应选择色彩庄重的领带。

图6-1　男性领带

二、领带的面料

领带大致可以分为色织真丝领带、印花真丝领带、色织涤丝领带、印花涤丝领带（防真丝）。随着新产品的出现，也出现了一部分羊毛加真丝，或者50％真丝加50％涤丝的领带，但是这类面料的领带没有常规面料领带多。色织领带是将染好的丝用机器编织而成，所以面料看上去立体感比较强烈。领带的衬里按成分可以分为四大类，即涤纶丝衬、柚丝衬、羊毛衬、羊毛或者柚丝加涤丝混纺。在职业装配饰设计中，为了经久耐用多选用涤纶丝衬。

三、领带的裁剪

首先将布料裁成领带的形状，注意一定要用45°裁剪法（图6-2）。然后裁掉领带的衬里。领带的形状应该根据衬里确定，一般分为直带式、小瓶式、大瓶式。最后，剪下领带的丝质衬里（就是领带大头反面的布料）。另外，为了体现领带的档次，可用与领带一样的布料做丝里。

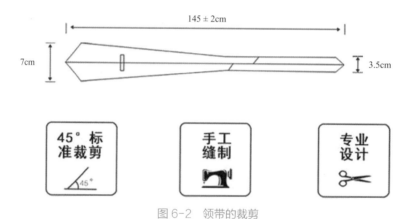

图6-2 领带的裁剪

四、领带的搭配

男士正装通常注重领带与西服、衬衫的搭配，领带的颜色、图案应与西服、衬衫相协调。以下是一些常见的搭配方法。

穿银灰、乳白色西服，适合佩戴大红、朱红、墨绿、海蓝、褐黑色的领带，会给人以文静、秀丽、潇洒的感觉。穿红色、紫红色西服，适合佩戴乳白、乳黄、银灰、湖蓝、翠绿色的领带，以显示出一种典雅华贵的效果。

穿深蓝、墨绿色西服，适合佩戴橙黄、乳白、浅蓝、玫瑰色的领带，如此穿戴会给人一种深沉、含蓄的美感。穿褐色、深绿色西服，适合佩戴天蓝、乳黄、橙黄色的领带，这样会显示出一种秀气飘逸的风度（图6-3）。

图6-3 深蓝西服搭配浅蓝领带

穿黑色、棕色的西服，适合佩戴银灰色、乳白色、蓝色、白红条纹或蓝黑条纹的领带，这样会显得更加庄重大方。

第二节　丝巾

丝巾是女性围在脖子上的服装配饰，用于搭配服装并且起到修饰的作用。据说，现代丝巾始于中世纪前的北欧或北法兰西等地。开始它只是起抵御寒冷的作用，直到16世纪中期随着材料不断变化，进而发展成为具有装饰功能的配饰。发展至今，各式的丝巾系法使丝巾成为一些行业必备的职业装配饰之一。

一、丝巾的款式

从外观形式上看丝巾只是一块漂亮的布，只有当它与服装结合起来的时候才具有生命力，给人端庄的感觉。只要你肯花几分心思在丝巾上，就会发现原来美是可以被简单创造的，稍微发挥一下想象力，小小的一块布就可以变幻出多彩的职场风情。丝巾的尺寸很多，从迷你小方巾（38cm×38cm）到特大方巾（140cm×140cm），种类相当繁多，但最常见的是边长90cm和110cm的正方形款式，它们是最能展现丝巾风情的尺寸。除了方巾，另外有一种长条形的，长度为150～180cm不等，宽度为35～70cm不等。方巾可折成长巾或三角巾，大尺寸的丝巾可折缩成小方巾，做不同的搭配。如果你是佩戴丝巾的新人，可先选用边长为90cm的方形巾，因为这种丝巾能够灵活搭配。基本上所有国家的空姐职业装都加入了丝巾的装饰，设计师可根据职业装的搭配选择不同类型的丝巾。

二、丝巾的色彩

丝巾的色彩搭配与服装的色彩搭配一样有迹可循。选取丝巾时应该参照服装的色彩，使得职业装与丝巾成为一个整体。从色彩上来看，丝巾主要有单色、多色之分。同款不同色的丝巾一般用来区分企业内部不同的岗位。

三、丝巾的用途

空姐总是在脖子上系一条漂亮的丝巾（图6-4），其实，不单单是空姐，火车动车上的乘务员也都在脖子上系一条丝巾。丝巾其实有很多功能。

（一）增加正式感

系在脖子上的丝巾具有遮盖颈部的功能。一般来说，

图6-4　空姐丝巾

空姐的职业装没有领子，所以系一条丝巾可以起到很好的装饰作用，给人一种正式的感觉。

（二）包扎伤口

稍微了解急救知识的人应该都知道，一旦出现大出血，就需要及时止血，而丝巾作为良好的包扎材料正好可以在突发状况下起到包扎伤口的作用，从而能够及时施救。

（三）防走光

空姐的主要工作是为旅客提供服务，经常会蹲下帮顾客取东西。无领职业装不能起到很好的遮蔽效果，而丝巾恰恰解决了这个问题，既美观又不突兀，同时保护了自己。

（四）装饰作用

空姐的职业装通常只有两种颜色，航空公司不允许佩戴首饰。为了更好地装饰自己，一条丝巾很好地满足了需求，并且飞机上的空间相对狭窄和封闭，再加上空姐制服多为深色，鲜亮的丝巾有利于缓解压抑的气氛，为乘客带来好心情，让旅途不再单调。

（五）帮乘客擦拭污物

有时乘客不小心把饮料和其他东西洒在身上，在周围没有纸巾的情况下，丝巾可以代替纸巾，为乘客擦拭污垢。

四、丝巾的种类和系法

（一）丝巾的种类

丝巾的种类一般分为方形巾、长形巾和三角巾三种，有的丝巾是平展的一块布，有的丝巾带有褶皱，还有的丝巾将一端结成一朵花的形状（图6-5）。丝巾的系法多种多样，可以直接系成各种花结，也可以折叠成细条或拧成麻花系在颈部，还可以系成领带的样子，不同款式的丝巾有不同的系法。

图6-5　丝巾的平展图及折叠图

（二）丝巾的系法

丝巾常常被人称为是布艺上的绘画，不仅具有美观的装饰效果，本身也是一块颇具艺术气息的作品。设计师将丝巾巧妙地进行扎系,可营造一种动感效果。同一款丝巾的不同系法可以产生不同的佩戴效果,设计师应该充分考虑运用何种佩戴方法使职业装产生最佳的效果。

◁1. 方巾的常用系法

（1）基础方巾结

先将方巾对折成条状,在颈前交叉后打两个结,两个方角自然垂落。这种系法比较大方自然,应用比较广泛（图6-6）。

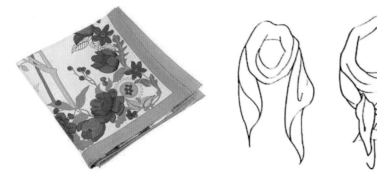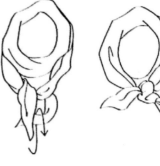

图6-6 基础方巾结系法

（2）围巾结

将方巾对折成条状,绕颈部一圈在颈前交叉旋转后,将巾角绕到颈后打结。这种系法给人感觉保守、稳重。

（3）三角巾结

简单地将两个锐角在胸前打结或绕到后面打结,也可以包住头顶,将两个锐角在下颌交叉之后绕到后面打结,或者包住前额从耳后绕到头发下面打结。小巧的三角巾还可以当作手镯系于腕部（图6-7）。

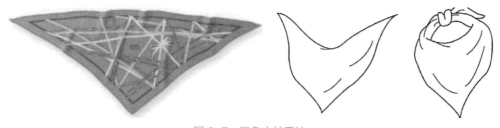

图6-7 三角巾结系法

（4）交叉结

如果方形巾足够大,对折后可以将重叠的两个角交叉系在脖子后面,另外两个角系在腰部后面,从而增加职业装的层次感。

2. 长巾的常用系法

将长巾在胸前系成完全对称或一长一短的样式，还可以将长形巾的两端交叉，然后随意地搭在肩上，为了避免掉落可以在肩部用小别针固定。长形巾还可以当做腰带系于腰部（图6-8）。

图6-8　长巾系法

第三节　帽子

帽子是一种戴在头部的饰品，大部分可以覆盖头的顶部。帽子主要是用来保护头部，有突出边缘的帽子能避免阳光直射。帽子有遮阳、装饰、保暖和防护等作用，因此种类也很多，选择也有很多讲究。在早期的罗马，帽子是自由合法公民的标志，奴隶们只能头顶块布来遮挡烈日。如今，帽子作为职业装配饰，还可以起到划分职业的作用。帽子的品种繁多，按职业划分，有劳动防护帽、厨师帽、警察帽等。

一、帽子的种类

（一）劳动防护帽

每一种防护帽都有一定的技术性能指标和适用范围，因此在选择时应根据所从事的行业和工作环境选择相应的帽子。例如：建筑行业一般使用 Y 类安全帽；电力行业因接触电网和电气设备，应选用 T4 类（绝缘）安全帽；在易燃易爆环境中工作应选用 T3 类安全帽。防护帽颜色的选择比较随意，一般以浅色或醒目的颜色为宜，如白色、浅黄色等，也可以根据有关规定进行选择，遵循安全心理原则。比如纺织厂、机械厂的女工在车间工作时会使用工作帽，以规避一些潜在的危险。工作帽不仅可以防止由于头发被旋转的电机皮带或机器卷入而造成的危险，还可以保护佩戴者的头发，防止过多粉尘和灰尘的吸附，故在佩戴时必须将头发全部覆盖。工作帽有一块较大的圆形帽片，外口收有皱褶，下接一圈帽边，并用抽带或松紧带收紧。一顶不起眼的工作帽，看似小巧，却意义重大，在大多数的公司，它不仅关系到员工的安全，更关系到公司产品的质量。男工们虽说都是短发，正常工作中弯腰蹲地是常有的姿势，如果未佩戴工作帽，也有一定的危险性。因此，工作帽是此类员工必不可少的。

再比如头发丝是产品污染源的一种，人的新陈代谢决定每人每天至少有十几根头发脱落，而戴好工作帽能有效减少头发落入产品中的可能，因此，规范佩戴防护帽，既能促进公司的发展也有利于消费者的健康。

（二）厨师帽

图 6-9　头戴高帽的厨师
（作者：徐慕华）

厨师帽是厨师们经常戴的帽子。来自世界各地的厨师在工作时可能穿着不同的工作服。不过，他们戴的帽子大多数都是白色的高帽（图 6-9）。对于厨师来说，帽子的高度、折叠的次数代表厨师的水平。不过最先戴上这种帽子的厨师不是从卫生着眼，而是将其作为一种标志。厨师头戴高帽始于 18 世纪的法国，据说 200 多年前，有一位法国著名厨师名叫安德烈·范克里姆。他是 18 世纪巴黎一家著名餐馆的高级厨师。安德烈性格开朗、风趣幽默，喜欢炫耀。一天晚上，他看见一个顾客戴着一顶白色的高帽子，其风格新颖奇特，引起了整个餐馆的注意。于是他故意模仿，立刻定做了一顶高高的白色帽子，比那个顾客的帽子高出许多。他戴着这顶白帽子，非常自豪地进出厨房，吸引所有顾客的注意。许多人感到新鲜和好奇，纷纷来到这家餐厅，这件事成为轰动一时的新闻，使餐馆的生意越来越好。后来，巴黎许多餐馆的老板注意到了白帽子的吸引力，于是为他们的厨师定做了同样的白帽子。久而久之，白帽子就成为厨师的象征。今天，全世界的厨师都戴着白帽子，白色的高帽成了厨师的工作帽。

（三）警察帽

图 6-10　交通警察帽

一般警察的帽子为黑色，交通警察的帽子为白色（图 6-10）。其中白色警帽不过只是套上了白色的帽套而已，目的在于显眼，方便指挥交通，在工作守则中并没有硬性规定要戴上。所以便出现了有的交通警察戴白色帽，有的交通警察不戴白色帽子的现象。

二、帽子的功能

帽子具有遮阳、遮雨、防风、保暖、安全及装饰等主要功能。在设计帽子之前，设计师除了需要考虑美观外，还要了解帽子在工作中的实际作用以及功能，可以通过设计帽子的款式、色彩来与职业装进行搭配。

第四节　手套

手套除了起到手部保暖或保护的作用，也具有装饰作用。手套是个很特别的东西，当初它的产生并不是为了实用。从13世纪起，欧洲的女性开始流行戴手套，这些手套一般是亚麻布或丝绸的，有的长达肘部。男性贵族也流行戴手套。此后欧洲宗教界改变了手套的功能，神职人员戴白手套，表示权威、圣洁和虔诚。到了近代，手套才成了寒冷地区的保暖必备之物，或是医疗防菌、工业防护用品。手套按照制作方法分为缝制、针织、浸胶等种类。手套应用在很多行业中，起着不可或缺的重要作用。

一、手套的设计

职业装中的手套基本是五指分开的款式，既保护双手，又不影响人们在工作时的操作。手套面料的选择需要综合考虑工作中的各种情况，可选用常规或具有防割、绝缘、防热、抗高温等功能的材料。例如：对医生来说，他们需要戴着手套为患者做手术（图6-11），为了不影响做手术时的手感或避免刮伤病人，手套的材料就要尽可能选择轻薄而且紧密与手贴合的橡胶材料；公交车司机每天都要开车，手掌不断与方向盘摩擦，对手部伤害比较大，这时，手套的材料就应该选用柔软吸湿的针织棉线。

图6-11　医生手套

二、手套的功能

手套具有保暖、防菌、耐磨、防割、装饰等功能。在设计手套之前，我们需要了解手套在该职业中的实际作用。了解其作用之后再进行设计，以使设计更符合实际工作要求。例如：冬季室外温度较低，有些酒店的门口帮客人拉车门、搬行李的门童为了保暖会戴上黑色或白色的手套。医生做手术时戴手套，既可防止细菌伤害病人，又能防止自身被感染。我国研制的"飞天"航天服手套看上去特别厚实，防护手套外层为纤维织物，有两层气密层，使用特殊隔热橡胶材料，能耐受100℃的高温；指尖部分只有一层气密层来保持触觉；在手心握物部位设置有凸粒状橡胶，主要起防滑作用；在手背有一个可折叠的热保护套，用于覆盖手指部位，以提高该部位的热防护能力和保证手指的关节活动。

第五节　徽标

徽标就其构成而言，可分为图形徽标、文字徽标和复合徽标三种。企业徽标具有象征功能和识别功能，是企业形象和企业文化的集中体现。一个符合企业理念的优秀标志设计可提升企业形象。企业的徽标是一个企业的灵魂。

一、徽标的设计

徽标设计应注重简洁鲜明，富有感染力。无论用什么方法设计的徽标，都应力求形体简洁、图像清晰、引人注目，而且易于识别、理解和记忆。从形式和功能上来看，企业的标志可以分为语言标志和视觉标志。语言标志指的是一个企业或者一个品牌的名称，比如"麦当劳""华为""可口可乐"等。视觉标志指的是用特定的图案、字体、色彩组成的独有的符号，这种符号是通过眼睛传给大脑，并根据已有的信息对其内在意义进行思考和联想，从而使人们对企业形成一定的认知，具有一定的可识别性和美观性。

图 6-12　各种徽标
的设计

徽标设计讲究优美精致，符合美学原理，这也是一个成功徽标所不可缺少的条件。造型美是徽标特有的艺术特色，设计时应把握一个"美"字，使符号的形式符合人类对美的共同感知；要讲究点、线、面、体四大造型要素符合形式规律。比如帽徽分为金属帽徽和织绣帽徽两种。金属帽徽用在大檐帽、卷檐帽、栽绒帽、凉帽上；织绣帽徽用在作训帽，贝雷帽上（图 6-12）。

二、徽标的制作

徽标的图案可以采用刺绣和印刷的工艺，每个徽标在职业装缝合前要固定在衣片的正确位置上。如帽子外形为圆筒形、平顶，帽徽可刺绣在衬垫上，再将衬垫缝在帽墙上。

三、徽标的功能

徽标具有识别、监督、宣传的功能，通过徽标可以区分不同企业、不同岗位和不同的人。例如：军队是徽标运用中最典型的范例，陆军、空军和海军都有不同的徽标，可通过区别徽标样式来区别职位和级别。对于酒店、银行等企业，工号牌是必不可少的，工作人员在对外办公的时候，客户可通过对员工的工号牌进行识别。

第七章
酒店职业装设计案例

对酒店一词的解释可追溯到千年以前。酒店产业是一个长期的产业，在繁荣的背后存在很多不稳定的因素，只有紧跟市场变化，才能立于不败之地。酒店职业装是酒店文化、审美水平、服饰品位的信息传递载体。成功的酒店职业装设计对酒店整体档次的提升有很大作用，设计师要考虑酒店的市场定位、人员组织结构、文化风格定位等因素，突出酒店文化和特色。酒店职业装设计是职业装设计类别中的重要组成部分。本章以养生酒店职业装、中式商务酒店职业装度假酒店职业装为例，介绍酒店职业装设计。

第一节　养生酒店职业装设计案例

一、某集团养生谷项目酒店职业装设计

（一）项目概况

某集团养生谷项目占地 2800 亩（1 亩 =666.7m^2，下同），是省重点投资项目，它共包含四大板块，分别是养生板块、养老板块、健康管理板块、旅游板块。其中酒店是旅游板块的一个分支。该酒店坐落于某 5A 级风景区内，依山傍水，环境优雅，是一处天然氧吧，更是道教上清派的发源地。该集团以医药产业为核心业务，力争以专业的药理理念以医带养，将该酒店打造成具有中国文化特色的养生养老度假胜地。旅游板块包含特色民宿与养生酒店，此次职业装设计还包括中医药旅游板块文化园中部分工作人员的服装。酒店项目以中医药养生文化为灵魂，最大程度上结合中医中药、养生保健、道家特色，打造该地区最具特色的健康养生主题度假酒店（图 7-1）。

（二）设计要求

该酒店的职业装设计主要针对以下不同岗位的工作人员：房务部门包括礼宾、迎宾、前台、票务、客房、大堂经理、领班；行政部包括文员、销售、主管；餐厅包括大堂服务员、VIP 服务员；养生馆包括 SPA 馆服务员、SPA 馆技师；养老馆包括护工、护士、医生；景区包括景区接待员、票务员、讲解员（图 7-2）。

（三）风格定位

酒店大堂用竹片金属制的冷棕色装饰墙面，与灰白瓷砖呼应呈现优雅而庄重的风格（图

7-3）。金色的金属线条营造出时尚前卫感，少许的橘色布艺软装给清冷的空间增加一丝温暖与跳跃感，整体设计清新而大气。在对职业装进行设计时首先对颜色做出定位，以呼应空间中的银蓝冷光色，以橘色为突出色做强烈点缀，呼应酒店软装布置。由于该集团是制药集团，并且酒店的定位是养生理疗的度假场所，所以在图案的设计上采用多种中草药的植物形态，并以精美的刺绣形式展现。

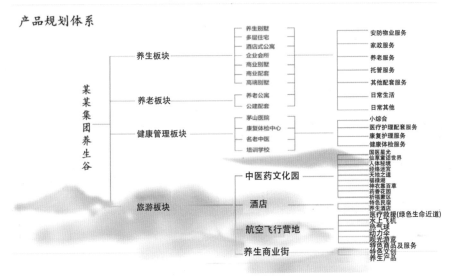

图 7-1　某集团养生谷项目概况

一、各部门统一岗位

1. **经理** （男女西服）（设计制服）2款

   各板块负责人

2. **主管** （男女西服）（设计制服）2款

   各部门主管、副经理、财务主管、运营部、营销部艺术团、商品部等

3. **行政文员** （男女西服）（设计制服）2款

   （酒店美工、行政领班、质培专员、电子商务、宿舍管理员）
   （养老部采购专员、仓管、市场拓展员）（财务部收款员、出纳、会计）
   （景区商品专员、渠道专员、营销部文员、电商专员、市场专员、招商专员、渠道片区长）（营销策划 部销售后台、置业顾问）

4. **保安** （男款制服）1款

   工程 （男款制服）1款

   酒店工程弱电、技能工、维修员工、消控员

5. **餐饮**

   厨师长 （男款制服）1款

   厨师 （男款制服）1款

   酒店餐厅厨师、养老部二厨、白案

   厨工 （男款制服）1款

   酒店食堂帮厨、 员工食堂厨师

二、酒店各部门

1. **房务部**

   礼宾 （男款制服）冬夏各1款

   前台 （男女制服）1款

   客房清扫 （男女制服）1款

   领班 （男女制服）1款

   大堂副理 （男女制服）1款

2. **餐饮部**

   餐厅服务员 （男女制服）1款

   传菜员 （男女制服）1款

   VIP服务员 （男女制服）1款

   领班 （男女制服）1款

3. **康体养生**

   服务员 （男女制服）1款

   SPA技师 （男女制服）1款

   领班 （男女制服）1款

4. **销售部** （男女制服）1款

   销售经理

图 7-2 某集团养生谷项目酒店职业装设计要求

图 7-3 某集团养生谷项目酒店内饰

为体现这一设计理念，设计师提取"本草"二字作为本体设计，极富内涵（图7-4~图7-6）。在面料的选择上为增强古典美，采用棉麻面料，厚重的垂感和自然褶皱，给人以舒适之

感。配饰选用的是荷包,将草药置于其中,佩戴荷包的工作人员能让宾客感受到浓郁的草药香气以放松身心,而且荷包也可作为随手礼赠与远道而来的宾客。设计师通过与客户做细节方面的交流,包括领口、袖口、衣长、裤长等,从而了解客户的想法,将其整合之后为接下来的具体设计方案做准备(图7-7 ~ 图7-9)。

  设计初期,某职业装公司选取了几款有代表性的款式,通过图片的形式,直观地传达本次设计的风格以及部分元素的运用形式,例如,用色、刺绣图案等。这只是设计中的一部分,之后的设计会在此基础上进行延伸,之前提到的元素也会落实到后期的设计中。

  通过此次沟通,可以更加清楚地找准后期的设计方向,如有问题可以得到及时的改进,期待公司经理的宝贵建议。

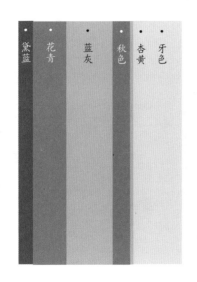

- 元素一:颜色提取。
  "青,取之于蓝,而胜于蓝。"
  不同的芳草植物可以将布料染成不同的颜色。
  中草药色的提取给宾客无污染,绿色生态的意境氛围。

- 结合酒店风格选取了三种中药的代表色系
  白(含银),杏黄(含金),靛蓝

图 7-4　某集团养生谷项目酒店职业装设计理念(作者:陈颖)

- 元素二：中药图案刺绣。根据款式搭配少量中药药材的图案在领子，袖口等部位，巧妙的设计使得刺绣与衣身浑然一体，精致而不失大气。

- 元素三：字体"本草"刺绣。多用于男装，本草寓意着中药，但听起来比中药来的更加容易被接受，更能触发人的想象，极富有内涵。

图 7-5　某集团养生谷项目酒店职业装设计理念（作者：李潇鹏）

- 元素四：复古暗纹面料。该面料可增强古典美，与刺绣相呼应，美观、大方，
  让人感觉品质不凡。

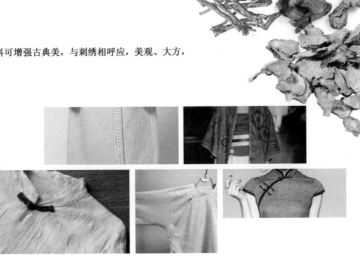

- 元素五：精致中药药包佩饰。设计一款药包佩戴在腰间，在其中装入中药，尽显
  别致的同时又略带草药的清香，有安神、健体的作用。

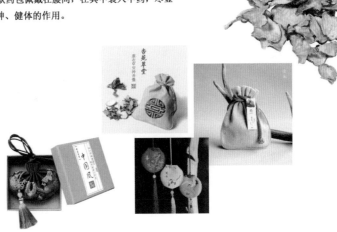

图 7-6　某集团养生谷项目酒店职业装设计理念（作者：陈颖）

- 款式:袖子改为更加合体,长短如图

- 面料:香槟色

- 刺绣图案:迎春花(金色)
  分布于肩部与腰间
  迎春花:不仅为一味中药,而
  且从名字上来说有吉祥美好的
  寓意

- 发型,鞋子

- 领子:调整为图中款式

- 面料:银色(外衣)
  蓝色(衬裙)

- 刺绣图案:迎春花(金色,银色)
  绣于领子周围

- 发型,鞋子

鞋面刺绣有中药图案

图 7-7　某集团养生谷项目酒店职业装细节设计(作者:严烨晖)

- 领口降低

- 面料:香槟色

- 刺绣图案:山楂(金色)
  山楂:有消食健胃、活血
  化淤、收敛止痢等功效

- 发型,鞋子

- 面料:银色(外衣)
  蓝色(裤子)

- 刺绣图案:桔梗(蓝紫色)
  绣于门襟周围

- 发型,鞋子

鞋面刺绣有中药图案

图 7-8　某集团养生谷项目酒店职业装细节设计（作者：严烨晖）

· 款式：上衣不变，下装改成白色裤子

· 领子：调整为图中款式

· 面料：银色
（面料中略带纹理，与刺绣图案呼应，质感进一步提升）

· 刺绣图案：白芍（与图中颜色一致）
（白芍作为一味中药功效颇多，有养血柔肝，缓中止痛，敛阴收汗等作用）

· 发型，鞋子

鞋面刺绣有中药图案

图 7-9　某集团养生谷项目酒店职业装细节设计（作者：杨妍）

（四）设计定稿

以中药养生为理念的庞大职业装体系设计需要深入了解客户定位的服装风格。在沟通交流中了解客户对优雅气质的理解，切勿夸张。本次设计的职业装颜色以银色为主，蓝灰色为辅，用黄色点缀，并明确不能采用圆领、高领及 2 ~ 3cm 的立领，同时要考虑到肥胖体型。

1. 礼宾女装设计

在款式上参考《雍亲王题书堂深居图屏·裘装对镜》，该画以工笔重彩表现宫廷中雍容华贵的审美情趣以及上流社会的艺术生活，图中再现了美人冠服、发型、首饰等，具有极高的参考价值与艺术价值。在设计稿中外衣长裙飘摆下配甩裤，以低调高级姿态代表酒店的整体门面形象。胸前的拼接绣花图来自菊苣这一味药材，设计师提取花枝部分，勾型填色再现其花簇美态。压襟璎珞与修长的服装形成层次，不禁让人想起米元章的"樱桃口小柳腰肢"中"风露清愁"的婀娜之美（图 7-10、图 7-11）。

图 7-10　某集团养生谷项目酒店职业装礼宾服（作者：陈颖）

图 7-11　某集团养生谷项目酒店职业装礼宾服（作者：严烨晖）

2. 前台女装设计

贵妃外翻高立领与 V 型领的巧妙组合，看似简洁但处处是设计亮点。立领的出现最早能追溯到人体禁忌观念极致的明朝，在变迁中逐渐美化，最终以其利落挺拔的线条展现女子修长而纤细的颈部，在视觉上形成人体颈部的拉伸感而受到爱美人士的青睐。坚挺的高领顺着脸颊线条仿佛斜斜切过，起到修饰脸型的微妙效果。9cm 的外倾式高领后翘，仿佛一朵欲绽放的花朵包裹着可人的脸庞，立体饱满的造型成为人们的视觉中心点。衣领以其特殊的形制时刻提醒工作人员保持仰首挺胸的姿态，为其增添一份自信。外翻的高领并非完全贴合颈部肌肤，而是与深 V 领型组合，使高扬的立体线条划过女子的锁骨直至胸前，通过视觉差无限拉长脖颈而显气质。外套设计前边短后边长，前短有利于拉长正面的腿部比例，而后长则是巧妙地掩盖亚洲人臀部扁平的缺陷。两侧活口袋的设计巧妙分割省道并做长短划分而不显得突兀。内穿连衣马面裙，侧面打褶而显飘逸，适合胯宽的女性，并且有较大的腿部活动空间有利于行走。裙门的设计使正视形象大气简单而高贵，腰间用荷包点缀，灵动而不破坏整体效果。袖口的一圈菊苣花呼应中药主题而显精致（图 7-12）。

图 7-12　某集团养生谷项目酒店职业装前台服（作者：王胜伟）

3. 其他岗位职业装

详见图 7-13 ~ 图 7-33。

图 7-13　某集团养生谷项目酒店职业装票务服（作者：严烨晖）

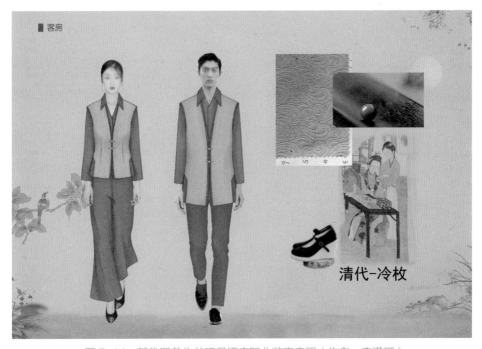

图 7-14　某集团养生谷项目酒店职业装客房服（作者：李潇鹏）

图 7-15　某集团养生谷项目酒店职业装景区接待服（作者：李潇鹏）

图 7-16　某集团养生谷项目酒店职业装讲解服（作者：徐慕华）

图 7-17　某集团养生谷项目酒店职业装文员服（作者：吴艳）

图 7-18　某集团养生谷项目酒店职业装销售服（作者：严烨晖）

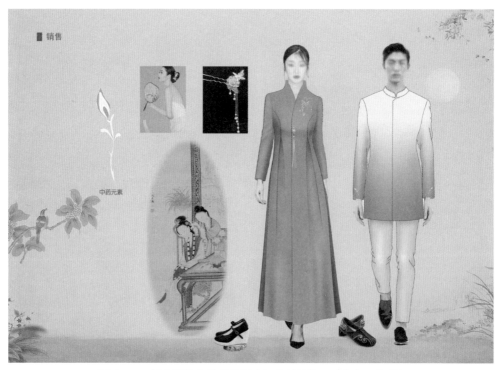

图 7-19　某集团养生谷项目酒店职业装销售服（作者：曹琪）

图 7-20　某集团养生谷项目酒店职业装销售主管服（作者：严烨晖）

图 7-21　某集团养生谷项目酒店职业装领班服（作者：曹琪）

图 7-22　某集团养生谷项目酒店职业装大堂副理服（作者：王胜伟）

图 7-23　某集团养生谷项目酒店职业装大堂副理服（作者：徐慕华）

图 7-24　某集团养生谷项目酒店职业装经理服（作者：严烨晖）

图 7-25　某集团养生谷项目酒店职业装正装服（作者：王胜伟）

图 7-26　某集团养生谷项目酒店职业装餐厅服务员服（作者：李潇鹏）

图 7-27　某集团养生谷项目酒店职业装 VIP 服务员服（作者：杨妍）

图 7-28　某集团养生谷项目酒店职业装医师服（作者：严烨晖）

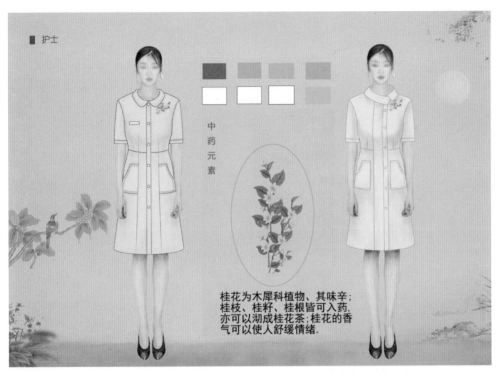

图 7-29　某集团养生谷项目酒店职业装护士服（作者：严烨晖）

图 7-30　某集团养生谷项目酒店职业装茶艺师服（作者：陈颖）

图 7-31　某集团养生谷项目酒店职业装 SPA 服务员服（作者：李潇鹏）

图 7-32　某集团养生谷项目酒店职业装 SPA 技师服（作者：陈颖）

图 7-33　某集团养生谷项目酒店职业装 SPA 服（作者：杨妍）

（五）设计灵感及配饰设计

某集团养生谷项目职业装设计的关键词在于养生，使宾客在青绿山水之间，感受自然的力量。本系列设计灵感来源于中草药，以新中式风格展现飘逸、庄重的优雅气质。以"四转化"打破传统，建立起新中式风格。"四转化"分别是：转化图案，提取中草药线稿，以刺绣的形式呈现；转化字体，以李时珍的《本草纲目》中"本"字为型设计盘扣点缀门襟；转化色彩，提取中草药中的天然之色，注重与装修方案中的色彩呼应，采用靛蓝银灰色系给人舒适放松之感；转化风格，将中式传统款式与现代简约剪裁碰撞，迎合养生度假的特色，呈现飘逸感。多种面料组合系列设计，将暗纹面料、精美提花、肌理棉麻面料、光泽感面料与刺绣拼接、镶嵌开衩等传统工艺形式错综结合。在配饰的选取上，女士着坡跟中式绣花鞋，绣花鞋古朴自然，略高的坡跟可拉长女子腿部优美的线条且适合长时间的站立而不给脚造成太大的负担；男士着麂皮绒面鞋，皮质面料不似棉布鞋过于软榻而无造型感，但丰富的绒面肌理使人更想亲近。女士盘发，男士梳大背头，显得人干练而精神饱满。在腰间别上中草药包，胸前点缀璎珞流苏，随人移动而摇曳生姿。精美的盘扣与莲蓬造型玉扣为简约大气的服装增添一笔亮色。

二、某养生度假酒店职业装设计

（一）项目概况

该酒店的交通便利、位置优越，位于启龙湖畔，毗邻风光秀丽的生态村，是江南地区一处天然的世外桃源，餐厅、客房、会议室和水疗馆错落有致，各项设施先进完善。高贵典雅的客房坐享秀丽风光，匠心独具的大厨为顾客精心制作美食，泰式水疗让顾客享受全方位的放松体验。

（二）设计风格

酒店制服的灵感来源于泰国文化，取自泰国传统服饰、宗教信仰、风土人情，大量使用跳脱的色彩，给人别样的异国享受。同时，由于该酒店是养生酒店，并且酒店的定位是养生的极佳场所，所以使用流行时尚的款式和流畅的线条。这样既体现了服装的流行经典，又与温泉酒店文化相结合。

（三）设计终稿

前台服与大堂吧服务员服的色彩设计以酒店的装修色为主要基调，面料有肌理感和垂性，注重体现服装的经典流行，同时与泰国和东南亚的文化相互结合。水疗接待服上衣是不对称设计，并配以墨蓝色民族花纹装饰带，给人以舒适敞怀之感。设计终稿见图7-34 ～ 图7-52。

图7-34　某养生度假酒店灵感版（作者：杨妍）

图 7-35　某养生度假酒店色彩版（作者：吴艳）

图 7-36　某养生度假酒店门童服（作者：张嘉慧）

图 7-37　某养生度假酒店行李员服（作者：孙欣晔）

图 7-38　某养生度假酒店前台服（作者：夏如玥）

图 7-39　某养生度假酒店大堂吧服务员服（作者：孙欣晔）

图 7-40　某养生度假酒店 SPA 服（作者：吴艳）

设计说明

款式:流行时尚的款式、流畅的线条设计以及独特的工艺处理,既体现了服装的流行经典,又与泰国东南亚风情文化相互结合。

色彩:结合酒店的装修,选用清爽简约的白色调作为主要基调,配以墨紫的裙装以及柔和的粉色外套,既表现泰国风情,又体现亲近和蔼之感,使得整体效果更为突出。

面料:采用具有肌理效果的面料,以体现服装的版型、垂性和时尚。另外充分考虑面料的实用性与耐用性。

图 7-41　某养生度假酒店餐厅经理服(作者:李潇鹏)

设计说明

款式:流行时尚的款式、流畅的线条设计以及独特的工艺处理,既体现了服装的流行经典,又与泰国东南亚风情文化相互结合。

色彩:结合酒店的装修,选用清爽简约的白色调作为主要基调,配以墨紫色民族花纹的裙装,既表现泰国风情,又体现亲近和蔼之感,使得整体效果更为突出。

面料:采用具有肌理效果的面料,以体现服装的版型、垂性和时尚。另外充分考虑面料的实用性与耐用性。

图 7-42　某养生度假酒店餐厅主管服(作者:孙欣晔)

全日制餐厅迎宾

设计说明

款式:流行时尚的款式、流畅的线条设计以及独特的工艺处理,既体现了服装的流行经典,又与泰国东南亚风情文化相互结合。

色彩:结合酒店的装修,选用清爽简约的米色调作为主要基调,配以黑紫色的裙装,充分表现泰国风情,使得整体效果更为突出。

面料:采用具有肌理效果的面料,以体现服装的版型、韧性和时尚。另外充分考虑面料的实用性与耐用性。

图 7-43　某养生度假酒店餐厅迎宾服（作者：张嘉慧）

设计说明

款式:流行时尚的款式、流畅的线条设计以及独特的工艺处理,既体现了服装的流行经典,又与泰国东南亚风情文化相互结合。

色彩:结合酒店的装修,选用清爽简约的米色调作为主要基调,配以黑紫色的裙装以及男士的腰带,充分表现泰国风情,使得整体效果更为突出。

面料:采用具有肌理效果的面料,以体现服装的版型、韧性和时尚。另外充分考虑面料的实用性与耐用性。

图 7-44　某养生度假酒店餐厅服务员服（作者：严烨晖）

设计说明

款式:流行时尚的款式、流畅的线条设计以及独特的工艺处理,既体现了服装的流行经典,又与泰国东南亚风情文化相互结合。

色彩:结合酒店的装修选用清爽简约的蓝色调作为主要基调,配以黑蓝色民族花纹的装饰带,既表现泰国风情,又给人以舒适之感,使得整体效果更为突出。

面料:采用具有肌理效果的面料,以体现服装的版型、垂性和时尚。另外充分考虑面料的实用性与耐用性。

图 7-45　某养生度假酒店水疗经理服(作者:杨敏)

设计说明

款式:流行时尚的款式、流畅的线条设计以及独特的工艺处理,既体现了服装的流行经典,又与泰国东南亚风情文化相互结合。

色彩:结合酒店的装修选用清爽简约的蓝色调作为主要基调,配以黑蓝色民族花纹的装饰带,既表现泰国风情,又给人以舒适之感,使得整体效果更为突出。

面料:采用具有肌理效果的面料,以体现服装的版型、垂性和时尚。另外充分考虑面料的实用性与耐用性。

图 7-46　某养生度假酒店水疗接待服(作者:王胜伟)

图 7-47　某养生度假酒店水疗师服（作者：张嘉慧）

设计说明

款式:流行时尚的款式、流畅的线条设计以及独特的工艺处理，既体现了服装的流行经典，又与泰国东南亚风情文化相互结合。

色彩:结合酒店的装修选用清具简约的绿色调作为主要基调，配以腰带体现腰线，使得整体效果更为突出。

面料:采用具有肌理效果的面料，以体现服装的版型、垂性和时尚。另外又分考虑面料的实用性与耐用性。

图 7-48　某养生度假酒店客房服（作者：杨妍）

图 7-49　某养生度假酒店销售服（作者：杨敏）

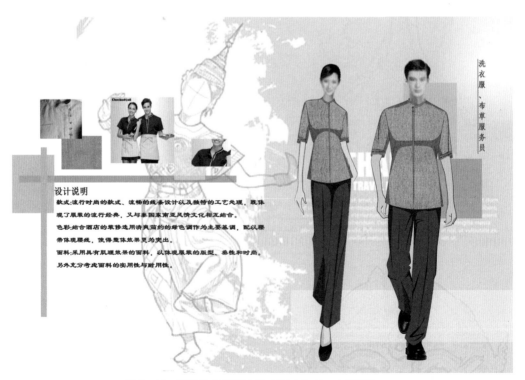

洗衣服、布草服务员

设计说明

款式:流行时尚的款式、流畅的线条设计以及独特的工艺处理，既体现了服装的流行经典，又与泰国东南亚风情文化相互结合。

色彩:结合酒店的装修选用清爽简约的绿色调作为主要基调，配以腰带体现腰线，使得整体效果更为突出。

面料:采用具有肌理效果的面料，以体现服装的版型、垂性和时尚。另外充分考虑面料的实用性与耐用性。

图 7-50　某养生度假酒店洗衣服（作者：李潇鹏）

图 7-51　某养生度假酒店文员服（作者：孙欣晔）

图 7-52　某养生度假酒店司机服（作者：张嘉慧）

第二节 中式商务酒店职业装设计案例

一、某中式商务酒店职业装设计

（一）项目概况

酒店位于"全国历史文化名镇"黎里古镇，黎里古镇隶属于苏州市吴江区，文化底蕴深厚，近代更有以柳亚子为代表的南社文化。酒店依托黎里古镇深厚的文化底蕴，打造了"人文、自然、体验"三位一体的休闲度假场所以及旅游品牌形象，以"苏式生活、吴江服务"理念为宾客提供舒适的特色体验。

（二）风格定位

本次系列设计以"荷、鱼、趣"为主题，采用中国水墨晕染元素，借莲花与鱼儿的谐音组合取连年有余之意，在颜色上提取国画中的浓墨与淡彩渲染画面。借这一主题描绘烟雨江南、鱼米之乡的富足与美好，也寄托了该酒店连年丰收的美好愿望。在设计中将传统职业装与中国立领、对襟排扣组合，营造出具有中国南派水乡意蕴和传统特色的新式制服。

（三）设计终稿

服装色彩取自于大堂内部环境中的蓝色，并与图案高山远水相结合，以中国水墨画的形式展现吴江地区宁静致远的休闲度假意蕴。图案由设计师自绘并以数码印花的方式实现。两套大堂吧新中式酒店职业装，设计特点突出并应用于大堂吧与宴会厅。大堂吧职业装的款式设计灵感来源于旗袍，为便于穿脱而改成两件式。上衣旗袍领的一字镂空设计即有旗袍的保守典雅又不乏镂空的性感。但是由于公共场合的服务型工作主要以得体为主，因此领口开口较小，略表意味。另一套酒店制服的最大特点在于制服下摆呈凹陷圆弧型，以视觉差效果缩短上身而体现黄金身材比例；百褶的长裙能很好地隐藏员工肚子上的赘肉，提高美观性；两侧锐角悬挂长穗随行飘摆；数码印花图案荷花、金鱼与设计主题对应。设计终稿见图7-53～图7-67。

（四）封样试穿

在确定方案的过程中多次与酒店方沟通修改，并在大堂吧的设计中为突出实穿性而取消透视纱裙的设计。在样衣完成后送至工作实地试穿（图7-68、图7-69），由现场管理人员评价并作相关功能实用性的测定，进一步核算价格，再由酒店方为制衣企业提供工作人员的完整参数、尺寸、规格等。

色彩版

- 本系列在色彩上提取国画中的浓墨、淡彩。
- 提取所处环境装修方案中的色彩，注重呼应与统一。
- 提取家具色彩的少量对比色，增添活泼感。

图 7-53　某中式商务酒店色彩版（作者：杨妍）

门童

帽子款式参考

大衣内有可脱卸夹棉内胆

关键词：中式立领 包边 口袋装饰

图 7-54　某中式商务酒店门童服（作者：杨妍）

■前台接待

关键词：连衣裙 加层 新式省道分割

图.7-55 某中式商务酒店前台接待服（作者：徐慕华）

■大堂吧

服装用色与大堂内环境相衬托
呼应山水高远意境

关键词：省道分割 结构设计 水墨印花 渐变

图 7-56 某中式商务酒店大堂吧服（作者：吴艳）

中餐厅

关键词：水墨印花　压褶工艺　立领

图 7-57　某中式商务酒店中餐厅服（作者：吴艳）

文员

关键词：领口设计　省道分割

图 7-58　某中式商务酒店文员服（作者：徐慕华）

■ 大堂吧

服装用色与大堂内环境相衬托
呼应山水高远意境

关键词：省道分割 结构设计 水墨印花 渐变

图 7-59　某中式商务酒店大堂吧服（作者：吴艳）

■ 大副

佩戴与酒店风格相适应的胸花

内裙：

关键词：连衣裙　加层　新式省道分割

图 7-60　某中式商务酒店大副服（作者：李晓宇）

主管

图 7-61　某中式商务酒店主管服（作者：徐慕华）

销售

图 7-62　某中式商务酒店销售服（作者：李潇鹏）

■ 西餐厅

关键词：印花工艺 腰封设计

图 7-63　某中式商务酒店西餐厅服（作者：徐慕华）

■ 客房

关键词：中式立领 盘扣 叠边 拼接

图 7-64　某中式商务酒店客房服（作者：吴艳）

厨师

不同颜色包边区分岗位

关键词：领口设计 叠门设计

图 7-65　某中式商务酒店厨师服（作者：李晓宇）

工程

关键词：贴袋设计 底摆收褶

图 7-66　某中式商务酒店工程服（作者：李晓宇）

保安

▲ 黑色款

▲ 蓝色款

保安帽参考

关键词：贴袋装饰 利落造型

图 7-67　某中式商务酒店保安服（作者：杨妍）

图 7-68　某中式商务酒店大堂

图 7-69　某中式商务酒店样衣试穿

二、某中式传统商务酒店职业装设计

（一）项目概况

某中式传统商务酒店坐落于商业中心区，环境优雅。该酒店以酒店服务为核心业务，力争以传统元素为主，打造成具有中国文化特色的商务酒店。此次职业装设计还包括中餐厅服务员中部分工作人员的服装。酒店项目以传统文化为灵魂，最大程度上结合传统文化设计出前厅、宴会厅、餐厅、行政部和客房部的职业装，打造该地区特色的传统商务酒店。

（二）主要色彩

色彩以松石绿和丹青为主要基调，局部点缀雾霾蓝和鹅黄色。随着人们对可持续发展与环保的愈发关注，蓝绿色系成为 2020 春夏的关键色彩基调。柔和自然的纯净蓝、薄松石绿与雾霾蓝及矿物黄搭配，极富新意。该主题色彩百搭，适用于休闲装、时尚正装等多种服装。

（三）设计终稿

本次设计运用的所有图案均从中国古典山水画以及苏州市花金桂花中提取，通过不同的工艺，如印花、刺绣、水钻装饰等手法，给人以华贵、庄重之感。色彩上采用松石绿和丹青为主要基调，营造出风雅脱俗的感觉。设计终稿见图 7-70 ~ 图 7-91。

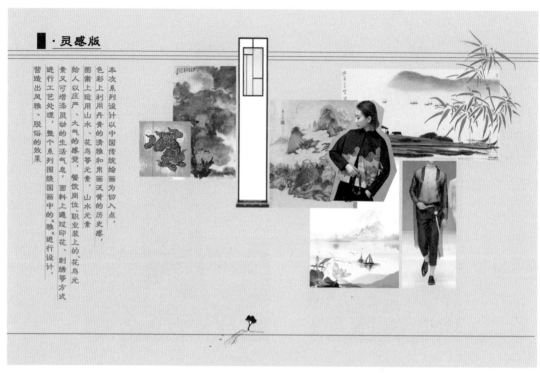

图 7-70　某中式传统商务酒店灵感版（作者：李晓宇）

图 7-71　某中式传统商务酒店色彩版（作者：李晓宇）

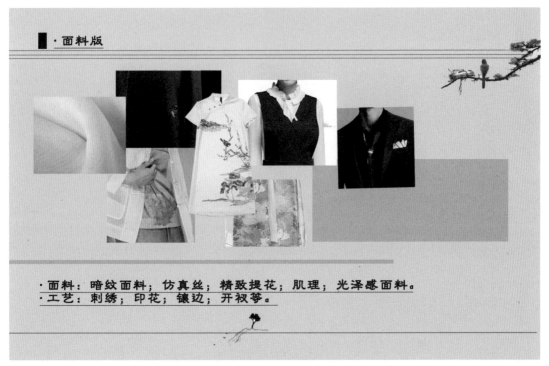

图 7-72　某中式传统商务酒店面料版（作者：李潇鹏）

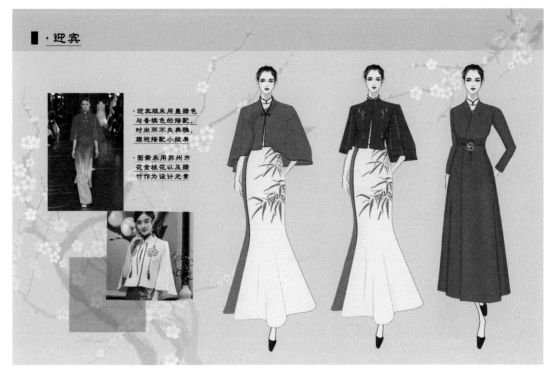

图 7-73　某中式传统商务酒店迎宾服（作者：李潇鹏）

■·迎宾（备选）

图 7-74　某中式传统商务酒店迎宾服（作者：孙欣晔）

■·前厅（备选）

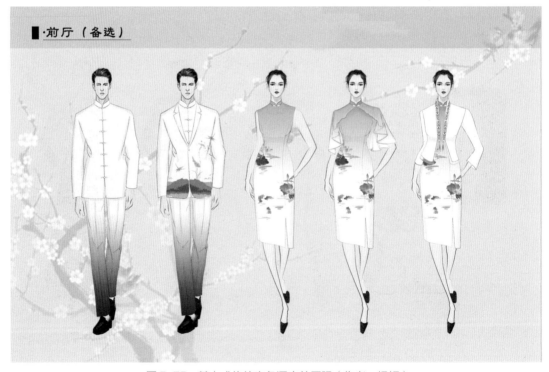

图 7-75　某中式传统商务酒店前厅服（作者：杨妍）

图 7-76 某中式传统商务酒店前台服（作者：夏如玥）

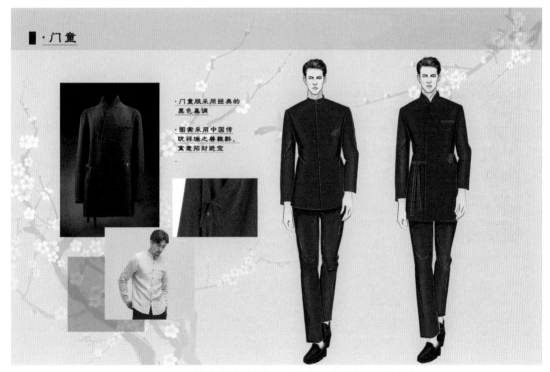

图 7-77 某中式传统商务酒店门童服（作者：王胜伟）

图 7-78 某中式传统商务酒店宴会迎宾服（作者：杨妍）

图 7-79 某中式传统商务酒店宴会迎宾服（作者：张嘉慧）

■·中式宴会服务员

· 西式采用灵动的荷叶边设计，经典的黑白搭配

· 中式采用墨绿色打底配以香槟色刺绣，袖子采用欧根纱作出蓬松造型，图案采用梅花做点缀刺绣

图 7-80　某中式传统商务酒店中式宴会服务员服（作者：陈颖）

■·中餐咨客

· 采用墨绿色的渐变色图案，以荷花作为设计元素，通过刺绣的工艺进行处理

图 7-81　某中式传统商务酒店中餐咨客服（作者：李潇鹏）

图 7-82　某中式传统商务酒店中餐服务员服（作者：杨妍）

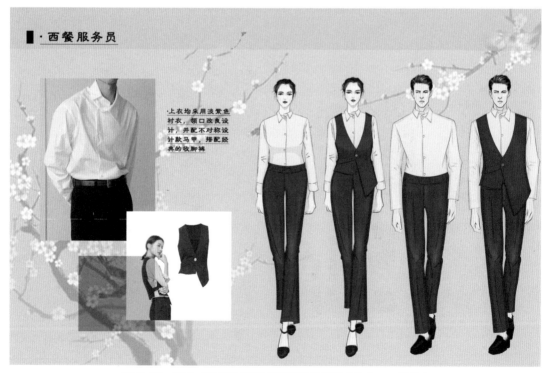

图 7-83　某中式传统商务酒店西餐服务员服（作者：王胜伟）

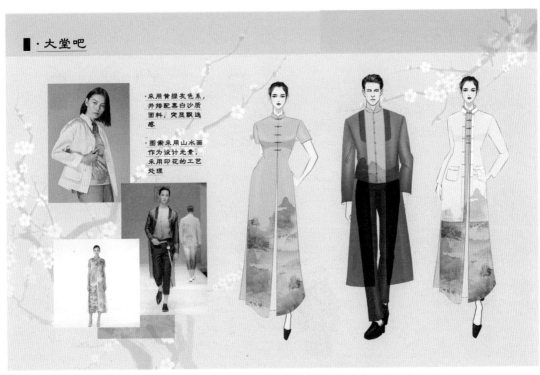

图 7-84　某中式传统商务酒店大堂吧服（作者：吴艳）

图 7-85　某中式传统商务酒店经理服（作者：张嘉慧）

图 7-86 某中式传统商务酒店中餐厅管家服（作者：杨妍）

图 7-87 某中式传统商务酒店中餐厅管家服（作者：杨妍）

图 7-88　某中式传统商务酒店西餐厅管家服（作者：夏如玥）

图 7-89　某中式传统商务酒店西餐厅管家服（作者：张嘉慧）

图 7-90　某中式传统商务酒店客房服（作者：孙欣晔）

图 7-91　某中式传统商务酒店客房服（作者：严烨晖）

第三节　度假酒店职业装设计案例

一、杭州某度假酒店职业装设计

（一）项目概况

某度假酒店位于杭州市西溪国家湿地公园核心精华区周家村主入口附近，在游客接待中心北侧约 200m，是湿地公园核心精华区内唯一一家酒店。该酒店的交通位置十分便利，距印象城步行约 10 余分钟就可抵达，同时距西湖风景区 5km。

酒店占地面积 2 万余平方米，为江南水乡古典庭院风格建筑群，客房、餐厅、会议室、露天茶吧、棋牌室、鱼塘、果树林错落有致，各项设施先进完善。酒店拥有 63 间／套舒适雅致、以准四星标准装修的客房，酒店餐厅设有 200 余个餐位，主营特色杭帮菜，口味独特，历史悠久。度假酒店可以让客人远离城市的喧嚣，享受一片难得的宁静，呼吸西溪特有的清新空气。

（二）设计风格

酒店制服结合古典文化和当下流行款式，采用修身廓形样式。同时，充分考虑到每个岗位的特征，制服采用既实用又耐用的面料。

（三）设计终稿

所有的岗位款式都力求简洁，男女款式的搭配设计，既要体现经典流行，同时还要与餐厅精致高端的文化相互结合。色彩均结合职员的工作特性选用不同的色彩作为主要基调，采用流畅的线条与独特的工艺处理，给人以干净爽朗之感。设计终稿见图 7-92 ~ 图 7-106。

款式:结合古典风韵文化和当下流行款式，采取修身廓形样式，斜门襟的设计，既符合酒店的文化又不失潮流时尚。
色彩:根据酒店的设计风格，采用了卡其色和浅蓝色作为主色调，给人清新舒适之感。
面料:充分考虑到每个岗位的特征，采用具有舒适度又能保持版型的面料，同时又考虑到耐用性和实用性。

图 7-92　杭州某度假酒店大堂门童服（作者：孙欣晔）

款式:服装款式结合了当下的流行样式，女裙的斜开叉设计以及衬衫的斜襟设计，都体现出浓烈的时尚气息，也符合酒店文化。

色彩:根据酒店的设计风格，采用了卡其色和浅灰色作为主色调，给人清新舒适之感。

面料:充分考虑岗位的特征，采用具有舒适度又能保持版型的面料。

图7-93 杭州某度假酒店大堂前台服（作者：吴艳）

款式:流行时尚的款式、流畅的线条设计以及独特的工艺处理，斜扣小西装的设计与精致高端的文化相互结合。

色彩:结合装修风格和色调，选用浅蓝色调和卡其色作为主要基调，使得整体效果更为突出，给人清爽之感。

面料:采用具有轻薄质地的优良面料，以体现服装的良好版型，具有垂性和时尚之气。另外考虑面料的实用性与耐用性。

图7-94 杭州某度假酒店大堂大副服（作者：张嘉慧）

销售

款式:流行时尚的款式、流畅的线条设计以及独特的工艺处理,女士的一片式斜门襟系带上衣和男士侧门襟、西装领以及金属扣设计,既体现了流行经典,又与餐厅精致高端的文化相互结合。

色彩:结合职员的工作特性选用蓝色和白色调作为主要基调,使得整体效果更为突出,给人稳重大气之感。

面料:采用具有轻薄质地的优良面料,以体现服装的良好版型、垂性和时尚之气。另外充分考虑面料的实用性与耐用性。

图 7-95 杭州某度假酒店销售服(作者:李潇鹏)

主管

款式:流行时尚的款式、流畅的线条设计以及独特的工艺处理,女士外套门襟的设计和男士外套金属双扣的设计,既体现了流行经典,又与餐厅精致高端的文化相互结合。

色彩:结合职员的工作特性选用卡其色作为主要基调,使得整体效果更为突出,给人稳重大气之感。

面料:采用具有轻薄质地的优良面料,以体现服装的良好版型,具有垂性和时尚之气。另外充分考虑面料的实用性与耐用性。

图 7-96 杭州某度假酒店主管服(作者:孙欣晔)

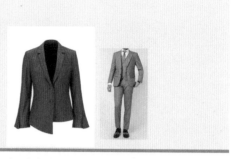

款式:流行时尚的款式、流畅的线条设计以及独特的工艺处理,与精致高端的文化相互结合。

色彩:结合职员工作性质选用灰色作为主要基调,使得整体效果更为突出,给人稳重之感。

面料:采用具有轻薄质地的优良面料,以体现服装的良好版型,具有垂性和时尚之气。另外考虑面料的实用性与耐用性。

图 7-97 杭州某度假酒店经理服（作者：严烨晖）

款式:流行时尚的款式、流畅的线条设计以及独特的工艺处理,女士的蝴蝶结小丝带和男士的西装双排扣马甲设计,既体现了英伦风格的流行经典,又与餐厅精致高端的文化相互结合。

色彩:结合装修风格和色调选用浅棕色和黑色作为主要基调,并用白色和蓝色提亮,使得整体效果更为突出,给人清新秀丽之感。

面料:采用具有轻薄质地的优良面料,以体现服装的良好版型,具有垂性和时尚之气。另外充分考虑面料的实用性与耐用性。

图 7-98 杭州某度假酒店大堂吧服（作者：严烨晖）

款式:流行时尚的款式、流畅的线条设计以及独特的工艺处理,女士衬衫领部金属搭扣的设计和男士领带的设计,既体现了流行经典,又与餐厅精致高端的文化相互结合。

色彩:结合装修风格和色调选用白色作为主要基调,并用水蓝色提亮,白色衬衫上印上跳色几何印花,使得整体效果更为突出,给人清新秀丽之感。

面料:采用具有轻薄质地的优良面料,以体现服装的良好版型,具有垂性和时尚之气。另外充分考虑面料的实用性与耐用性。

图 7-99 杭州某度假酒店大堂吧服(作者:孙欣晔)

款式:流行时尚的款式、流畅的线条设计以及独特的工艺处理,围裙的设计,符合服务人员的职位特性既体现了服装的流行经典,又与餐厅时尚前沿的文化相互结合。

色彩:结合职员的工作特性选用蓝白色作为主要基调,使得整体效果更为突出,给人干净整洁爽利之感。

面料:采用具有轻薄质地的优良面料,以体现服装的良好版型,具有垂性和时尚之气。另外充分考虑面料的实用性与耐用性。

图 7-100 杭州某度假酒店餐厅服务员服(作者:李潇鹏)

餐厅服务员

款式:流行时尚的款式、流畅的线条设计以及独特的工艺处理,男款的短领带和女款的小丝巾设计,符合服务人员的职位特性,既体现了服装的流行经典,又与餐厅精致高端的文化相互结合。

色彩:结合职员的工作特性选用蓝色和白色调作为主要基调,使得整体效果更为突出,给人干净整洁爽利之感。

面料:采用具有轻薄质地的优良面料,以体现服装的良好版型,具有垂性和时尚之气。另外充分考虑面料的实用性与耐用性。

图 7-101　杭州某度假酒店餐厅服务员服（作者：李潇鹏）

餐厅咨客

款式:流行时尚的款式、流畅的线条设计以及独特的工艺处理,女士的蝴蝶结小丝带和男士的西装双排扣马甲设计,既体现了英伦风格的流行经典,又与餐厅精致高端的文化相互结合。

色彩:结合装修风格和色调选用蓝色和黑色作为主要基调,并用白色和灰色提亮,使得整体效果更为突出,给人清新秀丽之感。

面料:采用具有轻薄质地的优良面料,以体现服装的良好版型,具有垂性和时尚之气。另外充分考虑面料的实用性与耐用性。

图 7-102　杭州某度假酒店餐厅咨客服（作者：李潇鹏）

款式:流行时尚的款式、流畅的线条设计以及独特的工艺处理,与精致高端的文化相互结合。

色彩:结合职员工作性质选用灰色作为主要基调,使得整体效果更为突出,给人稳重之感。

面料:采用具有轻薄质地的优良面料,以体现服装的良好版型,具有垂性和时尚之气。另外考虑面料的实用性与耐用性。

图 7-103 杭州某度假酒店文员服(作者:杨妍)

款式:流行时尚的款式、流畅的线条设计,独特的工艺处理。既符合时尚经典又与职员工作需求相符。

色彩:结合职员的工作特性选用豆沙绿作为主要基调,使得整体效果更为突出。

面料:采用具有轻薄质地的优良面料,以体现服装的良好版型,具有垂性和时尚之气。另外充分考虑面料的实用性与耐用性。

图 7-104 杭州某度假酒店客房服(作者:杨妍)

款式:结合古典风韵文化和当下流行款式,采取修身廓形样式,男士门襟的设计和女士上衣腰带的设计,既符合酒店的文化又不失潮流时尚。

色彩:根据酒店的设计风格,将浅豆沙绿作为主色调,给人清新舒适之感。

面料:充分考虑到岗位特征,采用具有舒适感又不失版型的面料,同时又考虑到耐用性和实用性。

图 7-105　杭州某度假酒店 SPA 服(作者:张嘉慧)

款式:流行时尚的款式、流畅的线条设计,以及独特的工艺处理,既体现了流行经典,又与精致高端的文化相互结合。

色彩:结合职员的工作特性选用灰黑色作为主要基调,使得整体效果更为突出,给人稳重大气之感。

面料:采用具有轻薄质地的优良面料,以体现服装的良好版型,具有垂性和时尚之气。另外充分考虑面料的实用性与耐用性。

图 7-106　杭州某度假酒店保安服(作者:夏如玥)

二、苏州某温泉度假酒店职业装设计

（一）项目概况

酒店位于江苏省苏州市，苏州位于长江下游、太湖之滨，是江苏省主要经济中心城市之一。酒店依托苏州的文化底蕴，打造了"人文、体验、舒适"三位一体的温泉度假场所，以"古典简朴、现代时尚"为顾客提供舒适的特色体验。

（二）设计风格

本次系列设计以"和""美"作为主题，采用流行时尚的款式、流畅的线条设计以及各种独特的工艺处理。设计中以中国古典文化中各类元素为主，将古典的简朴与现代的时尚结合。

（三）设计终稿

温泉酒店的职业装设计，结合了酒店的温泉特色。色彩上提取不同环境中的主要色系作为主色调，在不同的款式中还加以环境中装饰物的亮色，凸显活力生机。职业装与客人服在面料的选择上充分考虑了特性需求，采用舒适悬垂的面料，给人清爽柔和之感。设计终稿见图7-107～图7-123。

以中华文化中的"和、美"二字作依据，以令人感到舒适的色系作为主色调。从中国古典文化中提取各类元素，将古典的简朴与现代的时尚相结合。

灵感版

图 7-107　苏州某温泉度假酒店灵感版（作者：杨妍）

色彩版
提取各种不同环境中的主要色系为主色调
以环境中装饰物的亮色作为服饰的跳色而不显沉闷

图 7-108　苏州某温泉度假酒店色彩版（作者：严烨晖）

款式说明：

款式:流行时尚的款式、流畅的线条设计以及独特的工艺处理，侧门襟的设计、穗子的装饰，以及一体的围巾设计，与温泉酒店文化相互结合。
色彩:结合职员的工作性质，选用蓝色作为主要基调，使得整体效果更为突出，给人整洁柔和之感。
面料:轻薄面料和厚实面料相结合，活动不受限制还能满足职员对温度的需求。

图 7-109　苏州某温泉度假酒店门童服（作者：张嘉慧）

款式说明:
款式:流行时尚的款式、流畅的线条设计以及独特的工艺处理,印花衬衫搭配西服,女士A字半裙既不乏时尚,又与温泉酒店文化相互结合。
色彩:结合职员的工作性质,选用印花上衣搭配蓝色西服,颜色融洽,使得整体效果更为突出,给人清爽之感。
面料:轻薄面料的裙子,灵动而飘逸,活动不受限制还能满足职员对温度的需求。

图7-110 苏州某温泉度假酒店前台服(作者:王胜伟)

款式说明:
款式:流行时尚的款式、流畅的线条设计以及独特的工艺处理,不乏流行经典,同时配以长裙尽显飘逸,与温泉店文化相互结合。
色彩:结合酒店装修选用蓝色调作为主要基调,使得整体效果更为突出,浅色的内搭给人柔和之感。
面料:采用具有肌理效果的面料,以体现服装的良好版型、垂性和时尚。充分考虑到职业特性,选取面料更为实用耐用。

图7-111 苏州某温泉度假酒店大堂吧服(作者:杨敏)

款式说明:
款式:流行时尚的款式、流畅的线条设计以及独特的工艺处理,侧边系带,以及一片式设计,既不乏时尚,又与温泉酒店文化相互结合。
色彩:结合职员的工作性质,选用印花上衣搭配纯色半裙,配以白色外套,使得整体效果更为突出,给人整洁柔和之感。
面料:轻薄面料和厚实面料相结合,活动不受限制还能满足职员对温度的需求。

图 7-112　苏州某温泉度假酒店 GRO 服(作者:夏如玥)

款式说明:
款式:流行时尚的款式、流畅的线条设计以及独特的工艺处理,不乏流行经典,同时配以舒适内搭,与温泉酒店文化相互结合。
色彩:结合职员工作特性选用灰色调作为主要基调,使得整体效果更为突出,以内搭的跳色抓住眼球,给人明亮爽利之感。
面料:采用具有肌理效果的面料,以体现服装的良好版型、垂性和时尚。充分考虑到职业特性,选取面料更为实用耐用。

图 7-113　苏州某温泉度假酒店主管服(作者:张嘉慧)

经理

款式说明:

款式:流行时尚的款式流畅的线条设计以及独特的工艺处理，V领设计的西服马甲不乏流行经典，与温泉酒店文化相互结合。

色彩:结合酒店的装修，选用浅蓝色和米黄色作为主要基调，再用亮色内搭衬衫作提亮，使得整体效果更为突出，给人清爽柔和之感。

面料:采用带有垂感的轻薄面料，活动更为方便。充分考虑到职员的工作特性，选取面料更为实用耐用。

图 7-114　苏州某温泉度假酒店经理服（作者：吴艳）

中餐迎宾

款式说明:

款式:流行时尚的款式、流畅的线条设计以及独特的工艺处理，V领设计不乏流行经典，与温泉酒店文化相互结合。

色彩:结合酒店的特色，选用薄荷绿和蓝色作为主要基调，使得整体效果更为突出，给人清爽柔和之感。

面料:采用带有垂感的轻薄面料。充分考虑到迎宾职员的工作特性，选取面料更为实用耐用。

图 7-115　苏州某温泉度假酒店中餐迎宾服（作者：孙欣晔）

款式说明：

款式:流行时尚的款式、流畅的线条设计以及独特的工艺处理，V领设计乏流行经典，与温泉酒店文化相互结合。

色彩:结合酒店的特色，选用薄荷绿调作为主要基调，使得整体效果更为突出，给人清爽柔和之感。

面料:采用带有垂感的轻薄面料。充分考虑到迎宾职员的工作特性，选取面料更为实用耐用。

图 7-116　苏州某温泉度假酒店 SPA 迎宾服（作者：张嘉慧）

款式说明：

款式:流行时尚的款式、流畅的线条设计以及独特的工艺处理，V领设计不乏流行经典，同时用印花的腰带修饰身形，与温泉酒店文化相互结合。

色彩:结合酒店的装修，选用薄荷绿和米黄色作为主要基调使得整体效果更为突出，给人清爽柔和之感。

面料:采用带有垂感的轻薄面料，活动更为方便。充分考虑到技师职员的工作特性，选取面料更为实用耐用。

图 7-117　苏州某温泉度假酒店女 SPA 服（作者：李潇鹏）

款式说明:

款式:流行时尚的款式、流畅的线条设计以及独特的工艺处理,V领设计不乏流行经典,同时用印花的腰带修饰身形,与温泉酒店文化相互结合。

色彩:结合酒店的装修,选用薄荷绿和米黄色作为主要基调,使得整体效果更为突出,给人清爽柔和之感。

面料:采用带有垂感的轻薄面料,活动更为方便。充分考虑到技师职员的工作特性,选取面料更为实用耐用。

图 7-118　苏州某温泉度假酒店男 SPA 服(作者:李潇鹏)

款式说明:

款式:流行时尚的款式、流畅的线条设计以及独特的处理工艺,一片式设计不乏流行经典,与温泉酒店文化相互结合。

色彩:结合酒店的温泉特色,选用绿色和粉色调作为主要基调,使得整体效果更为突出,给人清爽柔和之感。

面料:采用亲肤面料,带给客人舒适享受。充分考虑到客人需求,选取面料更为实用耐用。

图 7-119　苏州某温泉度假酒店客人服(作者:张嘉慧)

款式说明：

款式:流行时尚的款式流畅的线条设计以及独特的工艺处理，既体现了服装的流行经典，又与温泉酒店文化相互结合。

色彩:结合酒店的装修选用温和的浅绿色作为主要基调，配以同色系深绿色，使得整体效果更为突出，给人亲切温和舒适之感。

面料:采用具有肌理效果的面料，以体现服装的良好版型、垂性和时尚。充分考虑到职业特性，选取面料更为实用耐用。

图 7-120　苏州某温泉度假酒店 SPA 服（作者：李晓宇）

款式说明：

款式:流行时尚的款式、流畅的线条设计以及独特的工艺处理，既体现了服装的流行经典，又与温泉酒店文化相互结合。

色彩:结合酒店的装修选用温和的米黄色和棕色作为主要基调，使得整体效果更为突出，给人亲切温和舒适之感。

面料:采用具有肌理效果的面料，以体现服装的良好版型、垂性和时尚。充分考虑到职业特性，选取面料更为实用耐用。

图 7-121　苏州某温泉度假酒店司机服（作者：杨妍）

款式说明:

款式:流行时尚的款式、流畅的线条设计以及独特的工艺处理,既体现了服装的流行经典,又与温泉酒店文化相互结合。

色彩:结合酒店的装修选用温和的浅紫色作为主要基调,配以同色系的深紫色,使得整体效果更为突出,给人亲切温和舒适之感。

面料:采用具有肌理效果的面料,以体现服装的良好版型、垂性和时尚。充分考虑到职业特性,选取面料更为实用耐用。

图7-122　苏州某温泉度假酒店客房服务员服(作者:李潇鹏)

款式说明:

款式:流行时尚的款式、流畅的线条设计以及独特的工艺处理,内搭印花衬衫,与温泉酒店文化相互结合。

色彩:结合职员的工作性质,选用灰色作为主要基调,再用亮色内搭衬衫提亮,使得整体效果更为突出,给人整洁干练之感。

面料:轻薄面料和厚实面料相结合,活动不受限制还能满足职员对温度的需求。

图7-123　苏州某温泉度假酒店文员服(作者:杨敏)

第八章
职业装设计图例精析

本章结合近 100 款职业装设计实例，以图文方式展现不同岗位职业装的设计细节，可以作为职业装设计师及职业装应用企业的参考（图 8-1 ～ 图 8-62）。以下职业装效果图包括人体着装图，设计构思说明，采用的面料及简单的设计亮点分析。职业装效果图表现的方法并不单一，用多重表现手法从不同角度丰满了职业装本身。虽然画法自由，但仍以体现职业装款式为目的，所以也会受到某种程度的约束。希望读者可以根据需要进行借鉴。

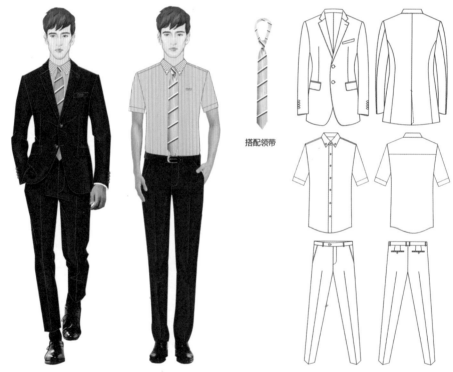

搭配领带

图 8-1　经理（男）春夏款（作者：徐慕华）

图 8-2　经理（女）春夏款（作者：徐慕华）

丝巾领
面料花型同丝巾

图 8-3　空姐春夏款（作者：徐慕华）

图 8-4　校服（男女）春夏秋款（作者：徐慕华）

图 8-5　经理（男女）春秋款（作者：徐慕华）

图 8-6　工程（男）春秋款（作者：徐慕华）

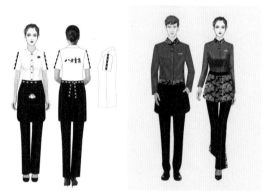

图 8-7　服务员（男女）春秋款（作者：徐慕华）

图 8-8　维序人员（男女）春夏秋款（作者：徐慕华）

图 8-9　管理人员（男女）春夏秋款
　　　　（作者：李潇鹏）

设计特点:马甲的设计注重前衣片两侧的反光面料的拼接,在同一色调下又有变化,打破了传统马甲的呆板而变得时尚。

设计师提取餐厅标识中的色彩元素,领带采用手绘花型,蓝色和绿色的色彩搭配呼应餐厅的蓝绿色系,黑色的使用在于显示制服的尊贵高雅之风。几何图案重组的花型设计充满民族风情,而又不失稳重。

图 8-10　吧台（男女）春秋款（作者：王胜伟）

门襟处几何图案　　黑底隐条纹

皮革+金属扣口袋标识刺绣

设计特点:衬衫的设计在注重实用的基础上添加了时尚元素,黑色作为主色调有尊贵高雅之风,在此基础上搭配隐条纹,使制服时尚又不失稳重。

设计师采用餐厅标识中的蓝绿色做局部的装饰,色彩搭配呼应餐厅的蓝绿色系。暗门襟搭配几何图案,使制服设计在把握整体感的同时又不失设计的层次感,且与其他职位的款式相呼应。

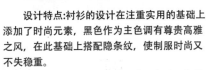

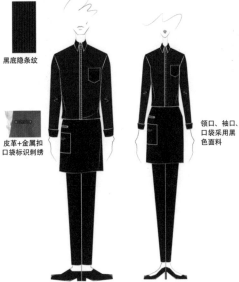

领口、袖口、口袋采用黑色面料

图 8-11　服务员（男女）春秋款（作者：王胜伟）

配饰：

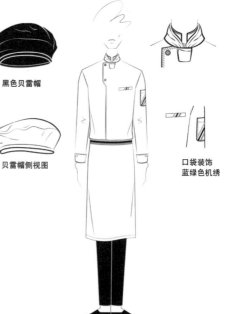

黑色贝雷帽

贝雷帽侧视图

口袋装饰
蓝绿色机绣

设计特点:上衣的设计注重门襟的结构设计，拼合线边缘采用蓝绿色绗缝装饰线，与传统厨师服相比具有创新性,同时又兼具实用性。

设计师采用蓝绿色绗缝装饰线，蓝色和绿色的色彩搭配呼应餐厅的蓝绿色系，分别在门襟和袖口局部细节上加以点缀，使制服设计在把握整体感的同时又不失细节上的变化。

图 8-12　行政主厨（男）春秋款（作者：严烨晖）

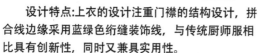

配饰：

黑色贝雷帽

贝雷帽侧视图

设计特点:上衣的设计注重门襟的结构设计，拼合线边缘采用蓝绿色绗缝装饰线，与传统厨师服相比具有创新性，同时又兼具实用性。

设计师采用红色和黑色镶边来区分职位，使制服设计在把握整体感的同时又不失细节上的变化。色彩搭配呼应餐厅的装修氛围。

厨师长　　　　　　　厨工

图 8-13　厨师（男）春秋款（作者：严烨晖）

配饰：

黑色贝雷帽

贝雷帽侧视图

领口、袖口、门襟、
口袋处黑色镶边

围裙边缘的标识采
用双色装饰明辑线

设计特点:明档厨师的制服时尚前卫，围裙的设计在注重实用的基础上添加了时尚元素，打破传统围裙的设计。黑白两色的搭配可显制服的尊贵高雅之风，局部亮色的点缀时尚又不失稳重。

图 8-14　明档厨师（男）春秋款（作者：李潇鹏）

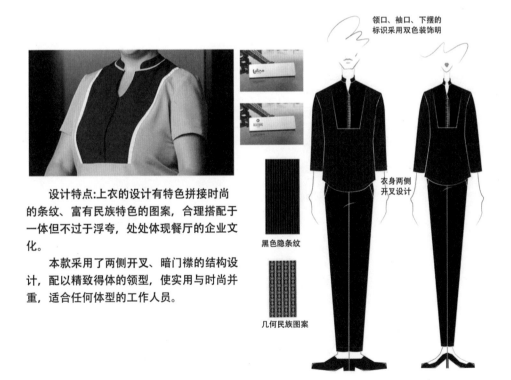

领口、袖口、下摆的
标识采用双色装饰明

设计特点:上衣的设计有特色拼接时尚的条纹、富有民族特色的图案，合理搭配于一体但不过于浮夸，处处体现餐厅的企业文化。

　　本款采用了两侧开叉、暗门襟的结构设计，配以精致得体的领型，使实用与时尚并重，适合任何体型的工作人员。

衣身两侧
开叉设计

黑色隐条纹

几何民族图案

图 8-15　保洁（男女）春秋款（作者：王胜伟）

参考面料

银线机绣工艺
装饰点缀细节

设计特点:上衣的设计注重领口、袖口、门襟处的民族图案绣花,合理的搭配使整个设计时尚而不失稳重,更加体现餐厅的企业文化。上身有精致的领型,下身为宽松的阔腿裤,将时尚与实用融合得恰到好处,并且适合任何体型的工作人员。

银色的镶边强调
款式廓型的同时
又彰显华丽

图 8-16　BBQ(男女)(作者:王胜伟)

小高领与撞色拼接

2cm的压边

双嵌边口袋

2cm　XX物业　姓名/工牌
0.2cm白边
7cm

徽章设计

右半边较贴合身体左半边采用长短不一的不规则设计

灯笼袖的设计

拼接鱼尾裙摆

裤子采用阔腿的版型拼接蓝灰色与上衣相协调

图 8-17　迎宾(女)夏秋款(作者:严烨晖)

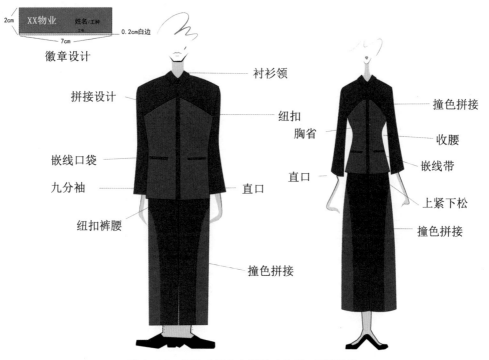

徽章设计

衬衫领
拼接设计
纽扣
胸省
嵌线口袋
九分袖
直口
纽扣裤腰
撞色拼接

撞色拼接
收腰
嵌线带
直口
上紧下松
撞色拼接

图 8-18 保洁（男女）秋款（作者：严烨晖）

设计说明：
本款套装设计依旧为经典风格，如优雅
端庄的CHANEL粗花呢套装。短款小外
套配上简洁的修身V领连衣裙，大气而
端庄。偏门襟加上不对称的领子，给整
体带来少许的设计感。
套装面料可用家纺的提花面料。

内搭

图 8-19 酒店前台（女）春秋款（作者：王胜伟）

设计说明：
这款制服为中式现代简约风格，介于休闲与正式之间。斜门襟为金属配件系带设计，袖口有几条纹装饰，半裙有条纹点缀，口袋的设计实用而简约，都体现中式设计简约大气、舒适轻松、不失格调的特质。门襟和系带可用家纺的提花面料。

图 8-20　中餐服务员（男女）春秋款
（作者：严烨晖）

设计说明：
本次设计以高档时尚、现代风格为主的酒店为中心主要体现时髦的设计感，配色方面比较明亮，以此来烘托年轻时尚气息。

设计亮点：
1. 衬衫领口与衣身不断开，领口有丝巾装饰，将领口与丝巾结合，既有修饰作用，又有装饰作用。
2. 落肩袖设计，袖笼弧线有花边设计，体现女性魅力，袖口处锁紧，方便工作和活动。
3. 高腰直筒裤设计，能拉长人体比例且不挑剔身材，腰部有腰带设计，时尚且实用。

图 8-21　酒店接待（女）春秋款（作者：杨妍）

设计说明：
本次设计以高档时尚、现代风格为主，主要体现时髦的设计感，配色方面比较明亮，以此来烘托年轻时尚气息，内搭衬衫也以条纹为主，摆脱常见的印花与纯色搭配。

设计亮点：
1. 西装整体比较运动休闲，腰部采用绳带收褶设计。
2. 内搭衬衫采用现代睡衣领口的设计手法。
3. 口袋位置靠上，带盖有不可配色的设计。

图 8-22　酒店接待（男）秋冬款（作者：杨妍）

设计说明：
本次设计采用经典的黑白色调，黑白搭配体现其时尚性，且在时尚中不失优雅。领口和袖口采用梭织面料与针织面料拼接的设计手法，在形成面料对比的同时增加服装的层次感。女款裤子加西装下摆设计，突破传统西装与西裤的搭配。裤子下摆采用扣子的装饰设计，与男款上衣的扣子装饰呼应，使整体设计更加丰富。

图 8-23　大堂经理（男女）春夏款
（作者：王胜伟）

主题：简

设计说明：
上衣采用大高领设计，斜侧的拉链代替以往的纽扣，下摆西装采用圆弧型的裁剪方法。下身裙子为A字型，右边折褶的裙摆与左边构成不对称设计，配色采用宝蓝色。服装整体显得简洁大方，又有时尚感。本款适用于酒店接待，行政等职位。

图 8-24　酒店接待（女）秋冬款（作者：陈怡君）

设计说明：
色彩采用清新的薄荷绿和小面积的藏蓝色，结合中国元素，给人以清新优雅的感觉。领口分别采用不同的圆领设计。女款为宽大的荷叶袖，上衣下摆开三角褶，裤子为宽松版型加折褶设计。男款门襟扣子用一字扣。下摆拼小面积藏蓝色，与上衣呼应，裤子偏宽松，八分裁剪，裤脚背后采用收口设计。

图 8-25　迎宾（男女）春夏款（作者：王胜伟）

设计说明：
本次设计中主要在简洁的廓形上做细节解构的变化，利用斜门襟造成视觉上的不对称效果，增加款式新颖点，并且采用括弧型袖身，袖侧凸起呈括弧，并与拉链相结合，更添添时尚感。直线的分割与宽肩廓形，都呈现挺阔硬朗之感。在色彩上，利用偏中性的淡蓝灰色，温和而具有平静感。

图 8-26　大堂经理（男女）秋冬款（作者：王胜伟）

主题：褶间

设计说明：
这套制服上衣用暗扣将侧摆的衣片固定住，左衣片以折百褶的方式凸显主题，也起到装饰性效果，胸前折叠式的口袋设计也是一个亮点。下身裤子腰头的形状也与常规不同，口袋旁折活褶。此套制服不仅便于穿脱和活动，而且显得简洁而干练。

图 8-27　餐厅服务员（男）春秋款
（作者：陈怡君）

主题：褶间

设计说明：
此套制服上衣为小圆领，胸前折褶和花边形的百褶设计是一亮点，还有稍宽松的袖身，收紧的袖口，脖子上装饰性的项圈。高腰裤头设计可拉长下身比例，裤脚稍宽松的萝卜裤，既能遮腿型又使人感到舒适，方便着装者活动。

设计主题：谨色

设计说明：
本次设计的创新点是衣身的分割、枪驳领领型以及九分袖。该造型简洁利落、修身优雅，使服装更加得体，充分展现女性的干练气质。在领子边缘辅以其他层次的黑色包边形成装饰，裤子侧缝的条带穿插增添整体的层次感。

图 8-28　餐厅服务员（女）春秋款（作者：陈怡君）　图 8-29　大堂经理（女）秋冬款（作者：任嘉敏）

设计主题：雅至

设计说明：
本套设计是偏正式的套装，简洁利落，又不失时尚感。翻领设计领面可以是不同材质或者相近色彩的面料拼接，配上粗的皮腰带，时尚而现代。西装裤部分在前裤脚口有个造型设计，如花瓣般包裹着双腿。整体上显得优雅端庄，适合用在酒店接待、大堂经理、行政等职位。

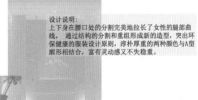

设计说明：
上下身在腰口处的分割完美地拉长了女性的腿部曲线，通过结构的分割和重组形成新的造型，突出环保健康的服装设计原则，淳朴厚重的两种颜色与A型廓形相结合，富有灵动感又不失稳重。

图 8-30　行政（女）春秋款（作者：严烨晖）　图 8-31　大堂吧/迎宾（女）春秋款（作者：吴艳）

设计说明:
本款设计的美妙之处在
于它完美地展现了女人
温柔、优雅、甜美的特
质,职业装不再是只在
工作时穿的死板服饰,
而是对新时代独立自主
女性特有魅力的完美体
呈现。

设计亮点:
设计中将庄严肃穆与丝巾的优雅紧密相连,一
抹青绿提亮色彩,带来一份个性的优雅之美。

图 8-32　经理/前台(女)春秋款(作者:吴艳)　　　　图 8-33　服务员(女)春秋款(作者:吴艳)

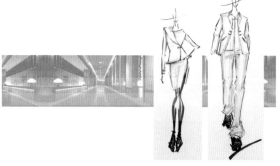

图 8-34　大堂吧(女)春秋款(作者:吴艳)　　　　图 8-35　经理(男女)春秋款(作者:吴艳)

设计说明:
本套以泡泡袖和高腰
包臀裙为主要设计亮
点,加上当今流行的
波点元素,让职业装
与时尚接轨,显得优
雅而现代。

设计说明:
外面是假两套的
外套,里面是高
腰裤。整体配色
以复古色为主。

图 8-36　大堂吧(女)春夏款(作者:张子芊)　　　　图 8-37　前台(女)春秋款(作者:张子芊)

设计说明:
上衣为经典的格子印
花梯形领背心,让职
业装与潮流接轨,整
体上简约大气。

图 8-38　中餐迎宾(女)春秋款(作者:张子芊)

图 8-39　中餐迎宾(男女)春秋款(作者:张子芊)

图 8-40　中餐服务员(男女)春秋款(作者:张子芊)

图 8-41　中餐迎宾（女）春秋款（作者：张子芊）

服务员

图 8-42　中餐咨客（女）春秋款（作者：张子芊）

图 8-43　门童（男）春秋款（作者：严烨晖）

图 8-44　前台接待（男女）秋冬款（作者：严烨晖）

图 8-45　前台主管（男女）春秋款（作者：严烨晖）

图 8-46　中餐厅服务员（男女）春秋款（作者：杨妍）

图 8-47　西餐厅服务员（男女）春秋款（作者：严烨晖）

图 8-48　销售（男女）春秋款（作者：陈颖）

图 8-49　中式餐厅（男女）春秋款（作者：严烨晖）

图 8-50　大堂吧（男女）秋冬款（作者：严烨晖）

设计主题：荷·韵

设计理念：
本次系列设计是为了迎合中式
酒店而设计的，以长于河塘中
的荷花与荷叶为设计灵感，荷
花是圣洁的代表，整体的配色
以青灰色为主。适用于前台接
待、大堂吧等岗位。整个系列
设计优雅而不失时尚。
款式工艺说明：
本次设计从新中式服装中提取
元素，以简化的方式将荷花图
案运用到设计当中，款式简洁
大方，注重袖口、门襟、下摆
的局部细节设计。此外，女款
袖口采用荷叶边，给整个设计
增添几许灵动，在领口处做了
绣花工艺处理。

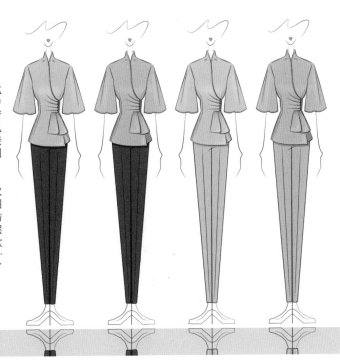

图 8-51　中餐服务员（女）春款（作者：王胜伟）

设计主题：荷·韵

设计理念：

本次系列设计为了迎合中式酒店的设计，整体配色以青灰色为主。男款采用斜门襟纽扣设计，袖口、领口、下摆辑明线，裤子采用普通西裤的造型，力求在简单中寻找变化。门襟旁的绣花给整个设计增加了活泼感，在沉闷中增添了细节。

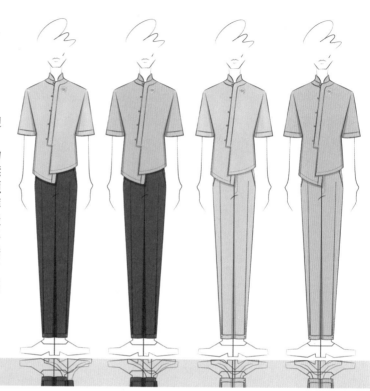

图 8-52 中餐服务员（男）春款（作者：王胜伟）

图 8-53 酒吧（男女）春秋款（作者：徐慕华）

图 8-54 经理（男女）春秋款（作者：徐慕华）

传递员

- 3cm宽织带领子
- 半扣袢
- 数码印标识
- 对口缝兜
- 不对称底摆设计
- 数码印标识
- 椎板收腿裤
- 数码印标识
- 3cm红色织带数码印标识
- 后背数码印标识

图 8-55　传递员（男）春秋款（作者：徐慕华）

保安

- 小方领一粒扣
- 数码印标识
- 明贴兜、单牙暗拉链
- 红色织带印标识
- 窄皮腰带装饰宽腰过腰头暗扣裤门筒拉链
- 数码印标识
- 收脚口工装裤
- 立体贴兜加拉链
- 后兜立体口袋粘扣

图 8-56　保安（男）春秋款（作者：徐慕华）

咨客

- 领部为白色衬领拼接中式交领设计
- 中式盘扣
- 袖里为蓝色宽松袖口
- 拼接宽腰线绳装饰
- 中长款衣长内侧开大叉
- 瘦腿裤子
- 数码印标识
- 建议搭配布靴子
- 数码印标识
- 数码印云纹
- 前身数码印图案
- 底摆数码印图案

图 8-57　咨客（男）春秋款（作者：徐慕华）

咨客

- 窄领宽松衬衫领宽约5.5cm 1粒明扣，其他均为暗扣
- 数码印标识
- 前身拼接纱料侧面半扣袢固定
- 直摆衬衫
- 数码印标识
- 瘦腿椎板裤子
- 扣袢以下可做活片白纱比衬衫衣长略长
- 数码印标识
- 在裤子侧面斜插口袋

图 8-58　咨客（男）春秋款（作者：徐慕华）

服务员

弧形深挖立领搭襻设计
带门筒
数码印标识
白色宽接袖头
袖内里为红色
袖子宽松
双牙斜插口袋
红色三角针封口
侧面开叉
内贴边为绿色
直摆造型

裤子侧面拼色
数码印标识

椎板裤接裤脚，脚口拍省

数码印标识

数码印标识

图 8-59　服务员（男）春秋款（作者：徐慕华）

牡丹图案设计

图 8-60　前台（男女）秋冬夏款（作者：李晓宇）

图 8-61　服务员（男女）春秋款（作者：孙欣晔）

面料图案设计

图 8-62　前台（男女）春夏款（作者：张嘉慧）

参考文献

[1] 梁惠娥.酒店制服设计与制作 [M].北京：中国纺织出版社，2004.

[2] 潘坤柔.职业服装设计实务 [M].广州：岭南美术出版社，2005.

[3] 季兴泉.职业装设计艺术 [M].上海：中国纺织大学出版社，1999.

[4] 边菲.制服设计 [M].上海：东华大学出版社，2010.

[5] 刘晓刚.时尚制服设计与制作 [M].北京：金盾出版社，2004.

[6] 单文霞，张竞琼.现代职业装设计导论 [M].上海：中国纺织大学出版社，2001.

[7] 杨蓉媚.高星级酒店员工制服设计研究 [D].上海：东华大学，2010.

[8] 中国旅游饭店业协会.中国饭店制服蓝皮书 [M].北京：中国纺织出版社，2015.

[9] 周锡保.中国古代服饰史 [M].北京：中国戏剧出版社，1991.

[10] 赵平，吕逸华.服装心理学概论 [M].北京：中国纺织出版社，1995.

[11] 陈欣.中国酒店服饰的设计与酒店文化研究 [D].苏州：苏州大学，2007.

[12] 黄元庆.服装色彩学 [M].北京：中国纺织出版社，1991.

[13] 全国服装科技信息中心编.穿出职业的华彩——职业服的时尚款式与搭配 [M].北京：中国纺织出版社，1998.

[14] 张辛可.职业装设计 [M].石家庄：河北美术出版社，2005.

[15] 赵涛.酒店经营管理 [M].北京：北京工业大学出版社，2006.

[16] 谢雨萍，周江林.酒店管理概论 [M].北京：中国财政经济出版社，2007.

[17] 邹游.职业装设计 [M].北京：中国纺织出版社，2007.

[18] 梁曌.五星级酒店部门着装及配比设计研究 [D].西安：西安工程大学，2014.

[19] 肖旋.中高档酒店制服的设计及舒适性研究 [D].长春：吉林大学，2012.

[20] 戴蕾.酒店制服设计之我见 [J].苏州大学学报（工科版），2006，（6）.

[21] 杨贤春.现代酒店制服设计析 [J].武汉科技学院学报，2000，（1）.

[22] 张剑峰.21世纪职业制服流行特点 [J].宁波服装职业技术学院学报，2003，（2）.

[23] 张剑峰.职业制服与企业 CI 文化 [J].装饰，2003，（7）.

[24] 林松涛.企业制服设计 [J].四川纺织科技，2001，（2）.

[25] 袁杰英.中国历代服饰史 [M].北京：高等教育出版社，1994.

[26] 吕海燕.我国职业装发展前景广阔 [J].中国个体防护装备，2004，（1）.

[27] 冯洁.当代中国酒店制服现状调查分析及对策 [J].南京艺术学院报，2003.

[28] [美]Susan B. Kaiser.服装社会心理学 [M].李宏伟，译.北京：中国纺织出版社，

2003.

[29] 刘素琼，梁惠娥.制服设计的前景与方向 [J].苏州大学学报（工科版），2004，（3）.

[30] 刘红梅.基于顾客和员工心理的角度谈酒店制服改进 [J].科教文汇（上旬刊），2008，（4）.

[31] 郑向敏.酒店管理 [M].北京：清华大学出版社，2005.

[32] 张静.餐饮企业制服设计的几点要素 [J].广西轻工业，2008，（7）.

[33] 张长敏.酒店制服研究与开发 [D].天津：天津工业大学，2006.

[34] 张翠菊.餐饮服务与管理 [M].北京：化学工业出版社，2011.

[35] 刘水，闫寒，张竞琼.新中式酒店制服设计——以江南水乡为例 [J].艺术与设计（理论），2014，（4）.

[36] 刘瑞璞，常卫民，王永刚.国际化职业装设计与实务 [M].北京：中国纺织出版社，2010.

[37] 闫亦农.职业装的定位分析 [J].纺织导报，2002，（6）.

[38] 王学东，王伟.我国职业装发展探析 [J].现代企业教育，2009，（16）.

[39] 许涛.浅谈我国职业装的设计与市场问题 [J].山西青年管理干部学院学报，2006，（2）.

[40] 王银华.商务型酒店制服的设计 [J].艺术与设计（理论），2012，（4）.

[41] 杨洋.国际旅游岛建设视野下的海南酒店制服设计与发展问题探析 [J].国家战略与国际旅游岛建设——海南省庆祝新中国成立六十周年理论研讨会论文集.海南省社会科学界联合会.2009.

[42] 吴红，章丽.我国职业装的现状与发展 [J].江苏丝绸，2004，（4）.

[43] 杨艳.浅谈职业装及其面料选择 [J].科学咨询（决策管理），2008，（8）.

[44] 廖雪梅，杨渝坪，朱利容，等.视觉传达要素在酒店制服设计中的运用 [J].包装工程，2010，（10）.

[45] 胡宏.酒店制服快速设计系统研究 [D].杭州：中国美术学院，2012.

[46] 叔孙通.汉礼器制度 [M].北京：中华书局，1985.

[47] 赵倩.浅析传统符号"仙鹤"在中国服饰中的运用 [J].西部皮革，2015，（23）.